U0151665

数字经济
系列教材

Python
经济大数据分析

主　编◎甘晓丽　黄　福　吴　俊
副主编◎王　雷　马奕虹　裴金平

上海交通大学出版社
SHANGHAI JIAO TONG UNIVERSITY PRESS

内容提要

本书为"数字经济"系列教材之一,内容是大数据分析基本原理和实际应用项目案例的结合,使读者和学生通过阅读书籍并练习即可完成相关的大数据分析项目,并达到举一反三的目的。本书的项目案例并非是基于某个大数据分析方法的简单实现,而是完整的项目全过程,这将有利于培养读者大数据分析的整体思维和实操能力。第 1 章是数字经济与大数据概述,第 2 章和第 3 章是 Python 大数据分析技术的基础知识部分,包括数据获取与预处理以及大数据挖掘技术,第 4 章到第 9 章是基于 Python 大数据分析技术具体可操作的经济案例,包括居民消费支出影响因素分析、贷款违约预测、金融风险度量与可视化、航空公司客户价值分析、商品零售购物篮分析和垃圾短信识别。

本书适合作为高等院校经济类、管理类等相关专业本科生的教材,也适合企事业单位、政府部门、研究机构等从事数字经济相关工作的人员参考。

图书在版编目(CIP)数据

Python 经济大数据分析/甘晓丽,黄福,吴俊主编
. —上海:上海交通大学出版社,2023.3
ISBN 978 - 7 - 313 - 22695 - 2

Ⅰ.①P… Ⅱ.①甘… ②黄… ③吴… Ⅲ.①软件工
具—程序设计 Ⅳ.①TP311.561

中国版本图书馆 CIP 数据核字(2022)第 193128 号

Python 经济大数据分析
Python JINGJI DASHUJU FENXI

主 编:甘晓丽 黄 福 吴 俊
出版发行 上海交通大学出版社   地 址:上海市番禺路 951 号
邮政编码:200030   电 话:021 - 64071208
印 制:常熟市文化印刷有限公司   经 销:全国新华书店
开 本:787mm×1092mm 1/16   印 张:12.5
字 数:288 千字
版 次:2023 年 3 月第 1 版   印 次:2023 年 3 月第 1 次印刷
书 号:ISBN 978 - 7 - 313 - 22695 - 2   电子书号:978 - 7 - 89424 - 308 - 9
定 价:49.00 元

版权所有 侵权必究
告读者:如发现本书有印装质量问题请与印刷厂质量科联系
联系电话:0512 - 52219025

编 委 会

顾　　问

符国群　北京大学光华管理学院教授、博士生导师
傅　强　中央财经大学金融学院教授、博士生导师
徐绪松　武汉大学经济与管理学院教授、博士生导师

丛 书 主 编

袁胜军　桂林电子科技大学教授、博士生导师

编委会主任

袁胜军　桂林电子科技大学教授、博士生导师

编　　　委（以姓氏笔画为序）

马奕虹　王　雷　甘晓丽　朱帮助　向　丽　刘平山　刘全宝　刘贤锋　花均南
李　雷　李余辉　吴　俊　张海涛　陆　文　陆奇岸　陈义涛　赵　虹　段晓梅
袁胜军　黄　福　黄宏军　龚新龙　康正晓　智国建　程静薇　谢海娟　蔡　翔

总　序

随着信息数字技术的快速发展与普及应用,数字经济浪潮势不可当。2017年《政府工作报告》首次提出"数字经济",提出推动"互联网＋"计划深入发展,促进数字经济加快增长,从而将发展数字经济上升到国家战略的高度。2021年中国数字经济规模达到45.5万亿元,占国内生产总值(GDP)比重超过三分之一,达到39.8%,成为推动经济增长的主要引擎之一。数字经济在国民经济中的地位更加稳固,支撑作用更加明显。

在国家数字经济战略背景下,外部环境的数字化转变决定了数字化转型将会是未来传统企业的必经之路和战略重点,这使得未来市场可能出现巨大的数字人才需求。波士顿咨询公司发布的《迈向2035：4亿数字经济就业的未来》报告认为,当前中国数字人才缺口巨大,拥有"特定专业技能(尤其是数字技能)"对获取中高端就业机会至关重要,并预测到2035年中国整体数字经济就业容量将达4.15亿人。可以预见,应用型数字经济人才将成为未来市场上最为短缺的专业人才。

为了对接国家数字经济发展战略和未来市场的数字经济人才需求,我们策划、组织编写了这套"数字经济"系列教材,其目的在于:

(1) 系统总结近年来我国数字经济领域涌现的新理论、新技术、新成果,为我国数字经济从业人员提供智力参考;

(2) 提供数字经济专业教材,为高水平数字经济人才的培养提供一套系统、全面的教科书或教学参考书;

(3) 构建一个适应数字经济理论和数字技术发展趋势的科研交流平台。

这套数字经济系列教材面向应用型数字经济专业人才的培养目标,即培养兼具现代经济管理思维与数字化思维,又熟练掌握数字化技能的高素质应用型产业数字化人才。这套教材全面反映了数字经济理论、信息经济学理论及其最新进展,注重数字经济理论、数字技术与应用实践的有机融合,体现包括区块链、Python、云计算、人工智能等高新技术的最新进展和在各类商业环境下的应用,这其中着重强调Python作为大数据分析工具在财务和经济两大领域的应用。这套教材可以为数字经济相关专业背景的学生或从业人员提供研究数字经济现象问题的理论基础、建模方法、分析工具和应用案例。

希望这套教材的出版能够有益于我国数字经济专业人才的培养,有益于数字经济领域的理论普及与技术创新，为我国数字经济领域的科研成果提供一个展示的平台，引领国内外数字经济学术交流和创新并推动平台的国际化发展。

袁胜军

2022 年 1 月

Foreword

前　　言

在世界经济形势复杂严峻的背景下，十九届五中全会、"十四五"规划和 2035 远景目标纲要指出，要推动数字经济和实体经济深度融合，加快构建以国内大循环为主体、国内国际双循环相互促进的新发展格局。加快数字化发展，打造数字经济新优势，以"双融合"全面支撑"双循环"，将为构建新发展格局提供强大支撑。近年来数字经济发展迅速，有效支撑了疫情防控和经济社会发展，成为稳定经济增长的关键动力。

数字经济是直接或间接利用数据来引导资源发挥作用，推动生产力发展的经济形态。数据在数字经济中的重要地位与作用显而易见。党的十九届四中全会将数据作为与劳动、资本、土地同等重要的生产要素参与收益分配，是一次重大的理论创新，标志着数据从技术要素中独立出来成为单独的生产要素。数据在提高生产效率、实现智能生产、提升要素配置效率、激发新动能、培育新业态方面具有巨大应用潜力，成为推动数字经济发展的创新动力源。数据本身就是一种生产力，而大数据将在数字经济发展中发挥更加重要的创新作用。大数据是数字经济的核心内容和重要驱动力，数字经济是大数据价值的全方位体现。如果说数字经济是经济发展的新动能，大数据则是赋能数字经济，促进经济发展的新引擎。

大数据应用已经渗透到经济生活中的众多方面，作为新型生产要素大数据推动产业跨界融合，通过大数据的识别—选择—过滤—存储—使用，提高经济资源配置优化效率，降低交易成本，提高数据资源价值，推动形成以数据资产管理为核心的管理新格局，推动现代经济体系建设，从而驱动经济高质量发展。

在数字经济迅猛发展的背景下，大数据人才相对缺乏。鉴于大数据分析是大数据处理的核心，为满足经济对大数据人才培养的需求，数字经济系列教材之《Python 经济大数据分析》应运而生，为培养适应数字经济新业态高素质合格人才，迎接数据时代的到来打下基础。

本书是基本原理和实际应用的结合，使学生既掌握扎实的大数据分析基本知识和原理，又能在项目式数据分析应用案例章节引导下将较好地培养运用基本知识进行实际大数据分析操作能力。本书的适用对象包括开设大数据分析课程的高校教师和学生、需求分析及管理系统设计人员、数据分析应用研究科研人员、关注数据分析的人员等。

本书的第 1 章是数字经济与大数据概述，第 2 章和第 3 章是 Python 大数据分析技术的基础知识部分，第 4 章到第 9 章是基于 Python 大数据分析技术的具体经济案例，我们期望通过具体的项目案例,培养学生利用大数据分析技术解决实际经济问题的思维和具体操作能力,让学生不仅懂基础知识——"脑会",也要会对具体问题进行思考和实际操作——"心会""手会"。具体章节安排如下表所示:

标　题	核心知识点
第1章　数字经济与大数据概述	数字经济概念、内涵、特征;数字经济与大数据的关系;大数据的概念、特征;大数据处理流程与大数据技术;大数据思维
第2章　Python数据获取与预处理	CSV文件的存取;缺失值处理;相关性分析;数据标准化;主成分分析
第3章　Python大数据挖掘技术	关联规则;聚类分析;分类分析;离群点检测;Python常用方法库
第4章　Python应用:居民消费支出影响因素分析	一元线性回归;多元线性回归;变量筛选、逐步回归;残差图
第5章　Python应用:贷款违约预测	单变量Logistic回归;多变量Logistic回归;变量筛选、逐步Logistic回归;决策树建树:信息增益、信息增益率、基尼指数;决策树剪树:预剪枝和后剪枝;Quinlan系列决策树、CART决策树、ID3算法及C4.5算法
第6章　Python应用:金融风险度量与可视化	金融风险含义及其特征;金融风险管理内容;VaR方法测度金融风险;风险价值可视化及数值方式呈现
第7章　Python应用:航空公司客户价值分析	RFM模型的基本原理;K-Means聚类算法的基本原理;K-Means聚类算法对航空客户进行分群;利用pandas快速实现数据z-Score(标准差)标准化以及用scikit-learn的聚类库实现K-Means聚类
第8章　Python应用:商品零售购物篮分析	关联分析的Apriori算法基本原理;构建零售商品的Apriori关联规则模型,分析商品之间的关联性;Apriori关联规则算法在购物篮分析实例中的应用
第9章　Python应用:垃圾短信识别	一般文本分类处理的流程;掌握数据欠抽样操作,文本数据去重、用户字典、分词、去停用词等预处理操作,绘制词云图;文本的向量表示操作,用训练文本的分类模型并进行模型预测精度评价

　　参与本书编写的人员是来自桂林电子科技大学商学院的数字经济、信息管理和金融工程的专业教师,各章的主要撰写者如下:第1章,甘晓丽;第2章,王雷;第3章,黄福;第4章、第5章,马奕虹;第6章,吴俊;第7章、第8章,裴金平;第9章,甘晓丽。此外,桂林电子科技大学理论经济学硕士研究生张潇艺、马筱阳等在本书撰写过程中做了图形绘制与数据查找等辅助工作,在此一并表示感谢。

　　在本书出版之际,感谢上海交通大学出版社的大力支持和服务。在本书的编写过程中,借鉴了大量专业人士、同行和机构的相关文件资料,在此表示诚挚的谢意,如有不当之处,敬请指正。由于我们经验有限,书中难免会有错误和不足之处,请广大师生和读者朋友对本书提出宝贵意见和建议,欢迎同行专家批评指正,后续将不断修改完善。

编　者
2022年3月

Contents

目　　录

第 1 章

数字经济与大数据概述

本章知识点

（1）掌握数字经济的概念、内涵和特征。

（2）理解数字经济与大数据的关系。

（3）掌握大数据的概念和特征。

（4）了解一般大数据处理流程与大数据技术。

（5）理解大数据思维。

    2021 年 3 月 11 日,十三届全国人大四次会议通过的《中华人民共和国国民经济和社会发展第十四个五年规划和 2035 年远景目标纲要》提出,"加快数字化发展,建设数字中国""营造良好数字生态"已成为"十四五"时期的重要工作目标,数字经济已经成为经济社会发展的重要议题。数字经济催生大数据,大数据赋能数字经济。两者关系紧密,相辅相成。作为数字经济系列教材,在读者学习 Python 经济大数据技术之前,明确数字经济与大数据的内涵和外延,厘清数字经济大数据的关系尤为重要,这是学习大数据技术的理论与思想基础。

1.1 数字经济概述

    从 2016 年二十国集团领导人杭州峰会开始,数字经济都是其重要议题。并先后发布了《G20 数字经济部长宣言》《数字化路线图》等成果。近年来,世界主要国家都将数字经济作为优先发展的领域,纷纷出台数字经济发展战略、数字议程等,以提高国家竞争力,促进经济增长和社会发展。

    数字经济是随着信息技术革命发展产生的继农业经济、工业经济之后的社会经济发展新形态。当今时代,数字经济是发展最快、创新最活跃、辐射最广泛的经济活动。以移动互联网、大数据、云计算、物联网、虚拟现实、人工智能等为代表的新一代信息技术迅速发展,加速了数字经济社会各领域的深度融合。新产业、新业态、新模式不断涌现,促进了数字经济的快速发展。

1.1.1　数字经济概念与现状

人类社会经济发展主要可以分为三大阶段：农业经济时代、工业经济时代和数字经济时代。随着互联网的快速发展，人们逐渐进入数字经济时代。数字经济极大地降低了社会交易成本，提高了资源优化配置效率和产品、企业、产业附加值，并推动社会生产力快速发展，使人类经济社会进入全新的发展阶段。

数字经济是以数字化的知识和信息作为关键生产要素，以数字技术为核心驱动力量，以现代信息网络为重要载体，通过数字技术与实体经济深度融合，不断提高经济社会的数字化、网络化、智能化水平，加速重构经济发展与治理模式的新型经济形态。

一般而言，理解这种新型经济形态需从三个层次出发：一是作为一种生产要素的数据资产。数据作为一种新的生产要素，基于数据资产形成的新模式、新业态、新市场、新领域、新技术的变革与发展，推动数字经济在各个领域的发展；二是作为一种生产组织方式的数据资产。数据不再是简单地以要素的形式进入到生产函数，而是基于数据资产的新的生产组织方式，推动传统行业的改造和革新，带动传统产业的"转型"；三是作为一种新的技术和制度变革推动力的数据资产。

数字经济活动主要包括4大部分：一是数字产业化，即信息通信产业，具体包括电子信息制造业、电信业、软件和信息技术服务业、互联网行业等；二是产业数字化，即传统产业应用数字技术所带来的产出增加和效率提升部分，包括但不限于工业互联网、两化融合、智能制造、车联网、平台经济等融合型新产业新模式新业态；三是数字化治理，包括但不限于多元治理，以"数字技术＋治理"为典型特征的技管结合，以及数字化公共服务等；四是数据价值化，包括但不限于数据采集、数据标准、数据确权、数据标注、数据定价、数据交易、数据流转、数据保护等。这就是数字经济的"四化"框架，其中最主要的是产业数字化和数字产业化。

数字经济是继农业经济、工业经济之后的更高级经济阶段。可从以下5个方面对数字经济内涵进行理解。

第一，数字经济中生产力和生产关系的辩证统一。数字产业化也称为数字经济基础部分，产业数字化也称为数字经济融合部分，包括传统产业应用数字技术带来的生产数量提升和生产效率提升，其新增产出是数字经济的重要组成部分，比重也大于数字产业化部分；数字化治理包括治理模式创新，利用数字技术完善治理体系，提升综合治理能力等。

第二，数字经济超越了信息产业部门的范围。数字技术是通用技术，是重要的生产要素作用于经济发展的方方面面，促进全要素生产率提升，开辟经济增长新空间。数字技术的深入融合应用将全面改造经济社会面貌，塑造经济新形态，因此这种数字经济相关技术不局限于信息化产业。

第三，数字经济是一种技术经济范式。数字经济有基础性、广泛性、外溢性、互补性的特征，将带来经济社会新一轮跳跃式发展和变迁，推动经济效率大幅提升，推动经济发展质量变革、效率变革、动力变革，引发经济社会最佳惯行方式的变革。例如，伴随互联网与电影性技术的快速发展与融合，互联网企业、电信运营和手机终端设备产业出现了跨界竞争现象，移动互联网使互联网不再受办公场所的限制，深刻改变了人类的生活方式。数字化的知识和信息是最重要的经济要素,数字技术有非常强烈的网络化特征,数字技术重塑经济和社会。

第四,数字经济是一种经济社会形态。数字经济在基本特征、运行规律等维度出现了根本性变革,对数字经济的认识需要拓展范围、边界和视野,成为一种与工业经济、农业经济并列的经济社会形态,需要站在人类经济社会形态变化的历史长河中全面审视数字经济对经济社会的革命性、系统性、全局性影响。

第五,数字经济是信息经济、信息化发展的高级阶段。信息经济包括以数字化的知识和信息驱动的经济,以及非数字化知识和信息驱动的经济两大类。未来,非实物生产要素数字化是不可逆转的发展趋势,数字经济既是信息经济的子集,又是未来发展的方向。信息化是经济发展的一种重要手段,数字经济除了包括信息化外,还包括在信息化基础上所产生的经济和社会形态的变革,是信息发展的结果。

目前,我国数字经济蓬勃发展,显示出经济复苏新动能的地位,其规模由 2005 年的 2.6 万亿元扩张到 39.2 万亿元,如图 1-1 所示。伴随着新一轮科技革命和产业变革持续推进,叠加疫情因素影响,数字经济已成为当前最具活力、最具创新力、辐射最广泛的经济形态,是国民经济的核心增长极之一。

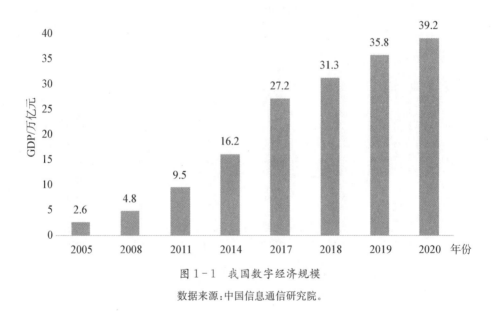

图 1-1　我国数字经济规模

数据来源:中国信息通信研究院。

当今世界仍处在经济危机的深度调整期,经济下行压力大。叠加疫情冲击,世界经济陷入了第二次世界大战以来最严重的大衰退。在全球经济增长乏力甚至衰退的背景下,数字经济继续保持高速增长。数字经济成为推动国民经济持续稳定增长的关键动力,对夺取疫情防控和经济社会发展双胜利发挥了重要作用。同时,数字经济在国民经济中的地位愈发突出。2015—2020 年数字经济占 GDP 的比重逐年递增,并保持超经济增速的增长态势(见图 1-2、图 1-3)。

三次产业数字化发展深入推进。在线办公、在线教育、网络视频等数字化新业态新模式蓬勃涌现,大量企业利用大数据、工业互联网等加强供需精准对接、高效生产和统筹调配。数字经济对三大产业的渗透率逐年推进(见图1-4)。

图1-2 我国数字经济增速与GDP增速

数据来源:中国信息通信研究院。

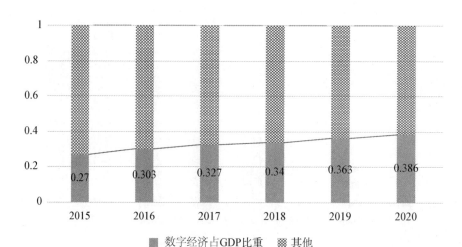

图1-3 我国数字经济占GDP比重

数据来源:中国信息通信研究院。

如图1-5所示,从我国数字经济内部结构来看,其中产业数字化的主导地位进一步巩固。一方面,数字产业化实力进一步增强,数字技术新业态层出不穷,一批大数据、云计算、人工智能企业创新发展,产业生产体系更加完备,正向全球产业链中高端跃进。另一方面,产业数字化深入发展获得新机遇,电子商务、平台经济、共享经济等数字化新模式接替涌现,服务业数字化升级前景广阔,工业互联网、智能制造等全面加速,工业数字化转型孕育广阔成长空间。

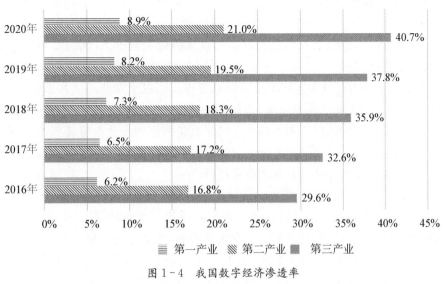

图 1-4 我国数字经济渗透率

数据来源：中国信息通信研究院。

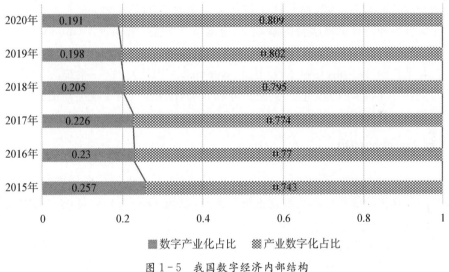

图 1-5 我国数字经济内部结构

数据来源：中国信息通信研究院。

1.1.2 数字经济特征

数字经济是继农业经济、工业经济之后的更高级经济阶段。总体而言，数字经济有5大特征。

（1）数据成为驱动经济发展的关键生产要素和重要的战略资产。数据是未来的新石油，数字经济中的货币是除陆权、海权、空权之外的另一种国家核心资产，它的作用可以类比为农业时代的土地和劳动力，工业时代的技术和资本。

（2）数字基础设施成为新基础设施。工业时代基础设施的代表是俗称铁路、公路和机场简称的"铁公机"。而数字经济时代基础设施的代表则是"光和芯片"，既包括宽带、无线网络等信息基础设施，也包括对传统物理基础设施的数字化改造，例如数字化停车系统、数字化交通系统等。

（3）数字素养成为对劳动者和消费者的新要求。相对于农业经济和工业经济时代下对劳动者和消费者的无要求或低要求，在数字经济条件下，数字素养成为劳动者和消费者都应具备的重要能力，劳动者越来越被要求同时具备数字和专业双重技能，缺乏数字素养的消费者则可能成为数字时代的"文盲"。提高数字素养，既有利于数字消费，也有利于数字生产，是数字经济发展的关键要素和重要基础之一。

（4）供给和需求的界限日益模糊。传统经济活动严格划分了供给侧和需求侧，一个经济行为的供给方和需求方界限非常清晰。但是随着数字经济的发展，供给方和需求方的界限日益模糊，逐渐成为融合的产销者。在供给方面，许多行业涌现出新的技术。能够在提供产品和服务的过程中，充分考虑用户需求，不仅创造了满足现有需求的全新方式，也改变了行业价值链。相应地，在需求方面也出现了重大变化，透明度增加、消费者参与和消费新模式的出现使公司不得不改变原来推广和交付方式的设计。

（5）人类社会、网络世界和物理世界日益融合。随着数字技术的发展，网络世界不再仅仅是物理世界的虚拟空间，而是真正进化为人类社会的新天地，成为人类新的生存空间。在网络世界和物理世界融合的基础上，随着人工智能、增强现实（augmented reality，AR）技术、虚拟现实（virtual reality，VR）技术等的发展，出现了"人—机—物"融合的网络物理与人类系统（cyber-physical & human systems，CPHS）。这一系统改变了人类和物理世界的交互方式，推动物理世界、网络世界和人类社会之间的界限逐渐消失，从而，构成一个互联互通的新世界。

1.1.3 数字经济的作用

加快构建以国内大循环为主体、国内国际双循环相互促进的新发展格局，把实施扩大内需战略同深化供给侧结构性改革有机结合起来，以创新驱动、高质量供给引领和创造新需求。发展数字经济，推动5G、物联网、云计算、大数据、人工智能、区块链等新一代信息通信技术加速创新突破，促进数字经济与实体经济深度融合，有助于改造提升传统产业，推进产业基础高级化、产业链现代化，是构建新发展格局的战略选择和关键支撑。

1. 数字经济助力构建新发展格局

构建新发展格局的关键在于经济循环，即推动生产要素公平自由的流动与使用。当前，我国在生产、分配、流通、消费等环节仍存在生产要素市场化的体制机制障碍、资源配置效率低下以及要素纵向与横向间自由流动面临壁垒等问题。数字经济助力解决生产要素流动不畅的问题主要体现在两方面：一方面，数据推动技术、资本、劳动力、土地等传统生产要素深刻变革与优化重组，对经济社会发挥放大、叠加、倍增效应。如数据要素与传统生产要素相结合，催生出人工智能、区块链、云计算等新技术；衍生出具有金融科技属性的数字货币、虚拟货币等新资本；创造出具有新劳动力特征的智能机器人。另一方面，数据要素与传统产业广泛深度融合，对促进经济发展发挥巨大价值和潜能，乘数倍增效应凸显。如疫情防控期间,"通信大数据行程卡""健康码"等新应用,以及线上办公、远程协作等解决方案为中小企业复工复产提供了有效支撑。有数据显示,产品全生命周期数据管控助力企业新产品研发周期降低 16.9%,产能利用率提升 15.7%,设备综合利用率提升 9.5%。

2. 数字经济实现新发展格局供需均衡

新发展格局需要以国内大循环为主体。我国国内经济运行存在"实体经济结构供需失衡"等结构性问题,亟须推动社会再生产的生产、流通、分配、消费各环节"循环畅通",实现供求关系更高水平的动态均衡。数字经济助力畅通国内大循环"供需梗阻"。数字经济与实体经济融合发展打通供给需求各个环节。供给方面,企业通过数字化转型升级,畅通数据要素流动,大幅提升生产制造、经营管理、商贸流通等环节效率,极大提高现有技术、产品、服务的供给能力。需求方面,最大限度挖掘内需潜力,消化吸收现有产能,带动产业升级,实现资源利用最大化、规模经济泛在化。供需平衡方面,数字经济和实体经济融合有效打通供需间信息渠道,减少资金、资源、产品等流动阻碍,提高经济系统面对外部冲击时的协同性和快速反应能力。

3. 数字经济支撑新发展格局国际畅通

新发展格局需要关注国际国内双循环。强调"以国内大循环为主体",并不是要搞自我封闭的"全能型"经济体系,而是要更加深入地融入全球价值链、产业链和供求链。数字经济助力解决国际国内"循环不畅"问题。数字经济与实体经济融合发展推进强大国内市场和贸易强国建设,促进国际国内双循环。近年来,我国数字产业化和产业数字化快速协同推进,带动群体性技术创新快速涌现,逐步形成新的产品与服务优势,构筑全新核心竞争力,推动我国比较优势由劳动密集型向知识密集型、技术密集型等价值链高端拓展。如近年来,我国制造业多个领域取得重大突破,通信设备产业已处于国际领先地位,神威太湖之光超级计算机多次蝉联全球超算 500 强榜首,北斗导航全面建成,等等。

1.1.4　数字经济与大数据

1. 数字经济业态大规模催生大数据

当下,数字经济以前所未有的姿态广受关注,得益于包括 5G、云计算/数据中心、车联网/物联网、人工智能、芯片、应用软件、区块链、量子计算等数字经济基础产业的加速发展,以及利用数字产业对传统产业的数字化、智能化升级,数字经济通过消费者互联网,工业互联网,物联网,不断增长的数字数据收集产业,收集、解读非结构化及基于互联网的数据的新技术,大规模地、前所未有地收集着全世界范围内的数字数据,数据量以惊人的指数级增长着。平台经济、无接触经济、宅经济、线上教育、线上医疗、线上办公、数字化转型、数字娱乐等新业态新模式呈爆发式增长,推动社会数字化变革高速推进。大数据来源于场景,其价值体现于应用。数据的生产和利用已经成为数字经济发展的基石,而数字经济将更加深入地推进大数据与各实体经济的融合。

2. 大数据赋能数字经济

在经济学上,数字经济是直接或间接利用数据来引导资源发挥作用,推动生产力发展的经济形态。数据在数字经济中的重要地位与作用显而易见。党的十九届四中全会首次将数据作为与劳动、资本、土地同等重要的生产要素参与收益分配,是一次重大理论创新,标志着数据从技术要素中独立出来成为单独的生产要素。数据在提高生产效率、实现智能生产、提升要素配置效率、激发新动能、培育新业态方面具有巨大应用潜力,成为推动数字经济发展的创新动力源。数据本身就是一种生产力,而大数据将在数字经济发展中发挥更加重要的创新作用。

大数据可在趋势和相关性方面提供之前无法获取的独特洞察力;通过收集大量的用户数据提升销售和服务,定向广告营销;出售用户数据本身就是盈利手段;还可大量使用机器交互数据创造行业供应链效率等等。大数据智能复合体的出现已经无法控制且不可阻挡,创新以无法追随的速度出现。人类通过大数据(数字化的知识与信息)的识别—选择—过滤—存储—使用,引导、实现资源的快速优化配置与再生、实现经济高质量发展的经济形态。

大数据之于数字经济可归纳如下:

(1)大数据是数字经济的关键生产要素。随着信息通信技术的广泛运用,以及新模式、新业态的不断涌现,人类的社会生产生活方式正在发生深刻的变革,数字经济作为一种全新的社会经济形态,正逐渐成为全球经济增长重要的驱动力。历史证明,每一次人类社会重大的经济形态变革,必然产生新生产要素,形成先进生产力,如同农业时代以土地和劳动力、工业时代以资本为新的生产要素一样,数字经济也将产生新的生产要素。与农业经济、工业经济不同,数字经济是以新一代信息技术为基础,以海量数据的互联和应用为核心,将数据资源融入产业创新和升级各个环节的新经济形态。一方面信息技术与经济社会的交汇融合,特别是物联网产业的发展引发数据迅猛增长,大数据已成为社会基础性战略资源,蕴藏着巨大潜力和能量。另一方面数据资源与产业的交汇融合促使社会生产力发生新的飞跃,大数据成为驱动整个社会运行和经济发展的新兴生产要素,在生产过程中与劳动力、土地、资本等其他生产要素协同创造社会价值。相比其他生产要素,数据资源具有的可复制、可共享、无限增长的禀赋,打破了自然资源有限供给对增长的制约,为持续增长和永续发展提供了基础与可能,成为数字经济发展的关键生产要素和重要资源。

(2)大数据是发挥数据价值的使能因素。市场经济要求生产要素商品化,以商品形式在市场上通过交易实现流动和配置,从而形成各种生产要素市场。大数据作为数字经济的关键生产要素,构建数据要素市场是发挥市场在资源配置中的决定性作用的必要条件,是发展数字经济的必然要求。2015年《促进大数据发展行动纲要》明确提出"要引导培育大数据交易市场,开展面向应用的数据交易市场试点,探索开展大数据衍生产品交易,鼓励产业链各环节的市场主体进行数据交换和交易",大数据发展将重点推进数据流通标准和数据交易体系建设,促进数据交易、共享、转移等环节的规范有序,为构建数据要素市场,实现数据要素的市场化和自由流动提供了可能,成为优化数据要素配置、发挥数据要素价值的关键影响因素。大数据资源更深层次的处理和应用仍然需要使用大数据,通过大数据分析将数据转化为可用信息,是数据作为关键生产要素实现价值创造的路径演进和必然结果。从构建要素市场、实现生产要素市场化流动到数据的清洗分析,数据要素的市场价值提升和自生价值创造无不需要大数据作为支撑,大数据成为发挥数据价值的使能因素。

（3）大数据是驱动数字经济创新发展的核心动能。推动大数据在社会经济各领域的广泛应用，加快传统产业数字化、智能化，催生数据驱动的新兴业态，能够为我国经济转型发展提供新动力。大数据是驱动数字经济创新发展的重要抓手和核心动能。大数据驱动传统产业向数字化和智能化方向转型升级，是数字经济推动效率提升和经济结构优化的重要抓手。大数据加速渗透和应用到社会经济的各个领域，通过与传统产业进行深度融合，提升传统产业生产效率和自主创新能力，深刻变革传统产业的生产方式和管理、营销模式，驱动传统产业实现数字化转型。电信、金融、交通等服务行业利用大数据探索客户细分、风险防控、信用评价等应用，加快业务创新和产业升级步伐。工业大数据贯穿于工业的设计、工艺、生产、管理、服务等各个环节，使工业系统具备描述、诊断、预测、决策、控制等智能化功能，推动工业走向智能化。利用大数据为农作物栽培、气候分析等农业生产决策提供有力依据，提高农业生产效率，推动农业向数据驱动的智慧生产方式转型。大数据为传统产业的创新转型、优化升级提供重要支撑，引领和驱动传统产业实现数字化转型，推动传统经济模式向形态更高级、分工更优化、结构更合理的数字经济模式演进。

大数据推动不同产业之间的融合创新，催生新业态与新模式不断涌现，是数字经济创新驱动能力的重要体现。首先，大数据产业自身催生出如数据交易、数据租赁服务、分析预测服务、决策外包服务等新兴产业业态，同时推动可穿戴设备等智能终端产品的升级，促进电子信息产业提速发展。其次，大数据与行业应用领域深度融合和创新，使得传统产业在经营模式、盈利模式和服务模式等方面发生变革，涌现出如互联网金融、共享单车等新平台、新模式和新业态。最后，基于大数据的创新创业日趋活跃，大数据技术、产业与服务成为社会资本投入的热点。大数据的共享开放成为促进"大众创业、万众创新"的新动力。由技术创新和技术驱动的经济创新是数字经济实现经济包容性增长和发展的关键驱动力。随着大数据技术被广泛接受和应用，诞生出新产业、新消费、新组织形态，以及随之而来的创业创新浪潮、产业转型升级、就业结构改善、经济提质增效，正是数字经济的内在要求及创新驱动能力的重要体现。

大数据是数字经济的核心内容和重要驱动力，数字经济是大数据价值的全方位体现。如果说数字经济是经济发展的新动能，大数据则是赋能数字经济，促进经济发展的新引擎，是活跃的领域之一。

接下来，我们就大数据的产生、概念、内涵、特征、技术等方面进行概述，为本书后面的知识打下理论基础。

1.2 大数据概述

2020年4月，中共中央、国务院发布《关于构建更加完善的要素市场化配置体制机制的意见》，将"数据"与土地、劳动力、资本、技术并列，作为新的生产要素，并提出"加快培育数据要素市场"。5月18日，中央在《关于新时代加快完善社会主义市场经济体制的意见》中进一步提出加快培育发展数据要素市场。数据要素市场化配置上升为国家战略，将对未来经济社会发展产生深远影响。

大数据是信息化发展的新阶段。随着信息技术和人类生产生活交汇融合，互联网快速普及，全球数据呈现爆发增长、海量集聚的特点，作为新一轮工业革命中最为活跃的技术创新要素，正在全面重构全球生产、流通、分配、消费等领域，对全球竞争、国家治理、经济发展、产业转型、社会生活等方面产生全面深刻影响。世界各国都把推进经济数字化作为实现创新发展的重要动能，在前沿技术研发、数据开放共享、隐私安全保护、人才培养等方面做了前瞻性布局。接下来的不仅仅是大的数据本身，更是大数据生态建立与大数据经济常态到来，经济生活模式的变更和思维的变革。

下面就大数据的产生、概念、特征、思维等进行阐述。

1.2.1 大数据的产生

数据本质是事实或观察的结果，是对客观事物的逻辑归纳，是用于表示客观事物的未经加工的原始素材。数据记录的产生可以追溯到很早以前，如结绳记事，就是文字发明前人们所使用的一种记事方法，所以文字出现以前就已经出现了数据。再如中国历史一些王朝中的史官所记录的事件，史官的作用不是为了歌颂皇帝，而是要不带个人感情的客观地记录皇帝的一言一行。时至今日，我们记录客观事物的载体已经发生了巨大的变化，可以记录的事物越来越广泛，随着计算机技术全面融入社会生活，信息爆炸已经积累到了一个开始引发变革的程度。它不仅使世界充斥着比以往更多的信息，而且其增长速度也在加快。互联网（社交、搜索、电商）、移动互联网（微博、微信）、物联网（传感器，智慧地球）、车联网、GPS、医学影像、安全监控、金融（银行、股市、保险）、电信（通话、短信）都在疯狂产生着数据。大数据是信息技术发展的必然产物，更是信息化进程的新阶段，其发展推动了数字经济的形成与繁荣。信息化已经历了两次高速发展的浪潮，始于20世纪80年代，随个人计算机大规模普及应用所带来的以单机应用为主要特征的数字化（信息化1.0），及始于20世纪90年代中期，随互联网大规模商用进程所推动的以联网应用为主要特征的网络化（信息化2.0）。当前，我们正在进入以数据的深度挖掘和融合应用为主要特征的智能化阶段的第三次信息化浪潮（信息化3.0）。

1. 大数据的发展历程

大数据的发展过程大致分为三个阶段：萌芽时期（20世纪90年代至21世纪初）、发展时期（21世纪初至2010年）、兴盛时期（2011年至今）。

在萌芽时期，1997年，美国国家航空航天局武器研究中心的大卫·埃尔斯沃思和迈克尔·考克斯在他们研究数据可视化中首次使用了"大数据"的概念。1998年，*Science*杂志发表了一篇题为《大数据科学的可视化》的文章，大数据作为一个专用名词正式出现在期刊上。这些都标志着大数据开始进入人们的视野。

21世纪前10年，互联网行业迎来了一个快速发展的时期。2001年，美国高德纳咨询公司（Gartner）率先开发了大型数据模型。2005年，Hadoop大数据技术应运而生，成为数据分析的主要技术。2007年，数据密集型科学的出现，不仅为科学界提供了一种新的研究范式，而且为大数据的发展提供了科学依据。2008年，*Science*杂志推出了一系列大数据专刊，详细讨论了一系列大数据的问题。2010年，美国信息技术顾问委员会发布了一份题为"规划数字化未来"的报告，详细描述了政府工作中大数据的收集和使用。在这一阶段，大数据开始受到理论界的关注，其概念和特点得到进一步丰富，相关的数据处理技术层出不穷,大数据开始显现出活力。

2011年,国际商业机器公司(IBM)开发了沃森超级计算机,通过每秒扫描和分析4TB数据打破了世界纪录,大数据计算达到了一个新的高度。2012年在瑞士举行的世界经济论坛讨论了一系列与大数据有关的问题,发表了题为《大数据,大影响》的报告,并正式宣布大数据时代的到来。2011年之后大数据的发展可以说进入了全面兴盛的时期,越来越多的学者对大数据的研究从基本的概念、特性转到数据资产、思维变革等多个角度。大数据也渗透到各行各业之中,不断变革原有行业的技术和创造出新的技术,大数据的发展呈现出一片蓬勃之势。2011年以后,大数据的发展可以说已经进入了全面繁荣的兴盛时期。大数据渗透到各行各业,不断改变原有行业的技术,创造新技术,大数据的发展呈现出旺盛的趋势,图1-6简洁地展示了更为细致的大数据发展主要历程。

1990	2003	2005	2009	2010	2011	2012	2013	2014	2015
·大数据的萌芽阶段	·大数据的突破阶段	·大数据发展成熟期	·数据碎片化、分布式、流媒体特征更明显	·大数据已经成为重要的时代特征	·大数据概念开始风靡全球	·大数据已经成为重要的时代特征	·大数据监管进入公众视野	·大数据产业从理论迈向实际应用	·大数据独立发展成为一种新兴行业

图1-6　数据的发展历程

2. 大数据产生的支撑

1) 技术支撑

英特尔创始人戈登·摩尔在1965年提出了著名的"摩尔定律",即当价格不变时,集成电路上可容纳的晶体管数目,约每隔18个月便会增加一倍,性能也将提升一倍。摩尔定律带来了一系列的指数效应,CPU的处理能力指数翻倍,成本减半,还有一些邻近领域类似的指数效应,比如存储设备的存储能力翻倍,带宽翻倍。所有的这些都为大数据的产生提供了技术支撑。技术支撑包括三个方面:存储、计算和网络。

关于存储能力,大家相对比较熟悉,如硬盘、U盘等存储设备价格在不断下降,然而容量却不断增加。无论对于个人还是企业,存储的数据越来越多样、多量,且不像以前那样需要精简和挑选。近年来存储价格随时间变化的情况进行了图示。来自斯威本科技大学的研究团队,在《自然通讯》Nature Communications 杂志2013年6月29日刊出的文章中,描述了一种全新的数据存储方式,可将1PB(1024 TB)的数据存储到一张仅DVD大小的聚合物碟片上。这是什么概念呢? 假如我们目前一张光盘可以刻录1G的数据,那么在不久之后使用以上技术制作的一张光盘上可以刻录100万张目前这样的光盘的数据。

关于计算能力提升方面,主要归因于CPU性能不断提升。图1-7显示了集成电路中晶体管的数量随时间变化的情况,在2011年以前基本遵循摩尔定律,2011年以后至今集成电路中晶体管数量也在不断地迅速增加。

关于网络带宽。20世纪80年代产生了1G网络,人说话的声波叠加在无线电载波上进行远程通话,那个时代手机就是"大哥大",还不可以上网。20世纪90年代开始通信技

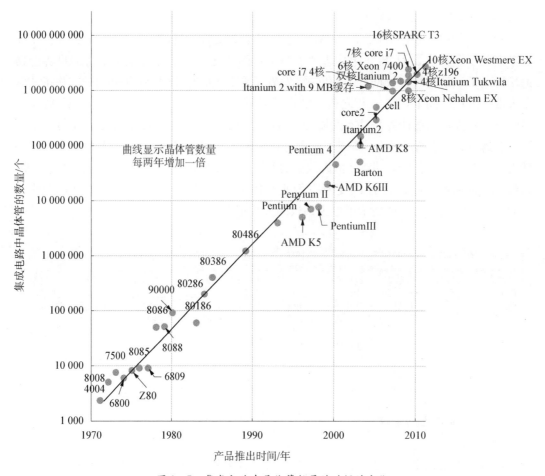

图 1-7 集成电路中晶体管数量随时间的变化

术进入 2G 时代,手机可以上网,但 2G 网络的带宽太小。根据香农-哈特利定律,带宽越大网速越快,此时带宽只有 200 KHz,手机的网速只有约 40 KB 每秒,用手机玩偷菜游戏的时候只有文字。3G 时代的带宽达到 5 MHz,网速增加到以 Mb 为单位,而 4G 时代带宽被提升到了 20 MHz,配合更加高效的调制方案,提升频谱效率,4G 可以提供 100 Mbps 每秒以上的网速。我们对网络的性能一直在不断提出更高的要求,比如实现 3D 结构光视频通信,将你的三维形象传输到对方的屏幕上就需要近 1 Gbps 的带宽,而物联网自动驾驶等业务,还对网络的容量和延迟有很高的要求,于是我们迎来了更快更宽的 5G 时代。5G 时代的来临为数据的收集、运输和存储创造了便利条件。

近年来,云计算的兴起亦是大数据产生的技术支撑。大数据的处理在单机上面运算要耗费的大量时间,云计算为大数据计算创造了便利条件。云计算作为计算资源的底层,支撑着上层的大数据处理,而大数据的发展趋势是实时交互式的查询效率和分析能力。大数据与云计算经常联系到一起,因为实时的大型数据集分析需要像 MapReduce 一样的框架来向数十、数百甚至数千的服务器分配工作,大数据需要特殊的技术,可以有效地处理大量数据。从技术上来看,大数据与云计算的关系就像一枚硬币的正反面一样密不可分,大数据必然无法用单台的计算机进行处理,必须采用分布式的架构。

2) 数据产生方式的变革

数据产生的方式大致经历了三个阶段：运营模式系统阶段、用户原创内容阶段和感知模式系统阶段。

在运营模式系统阶段，数据库的出现使得数据管理的复杂度大大降低，实际情况中数据库大多被运营系统所采用，作为运营系统的数据管理子系统。大型零售超市销售系统、银行交易系统、股市交易系统、医院医疗系统、企业客户管理系统等大量运营式系统，都是建立在数据库基础之上的，数据库中保存了大量结构化的企业关键信息，用来满足企业各种业务需求。比如超市的销售记录系统，银行的交易记录系统、医院患者的医疗记录等。人类社会数据量第一次大的飞跃正是建立在运营模式系统开始广泛使用数据库开始。这个阶段最主要特点是数据往往伴随着一定的运营活动而产生并记录在数据库中的，比如超市每销售出一件产品就会在数据库中产生相应的一条销售记录。这种数据的产生方式是被动的。

在用户原创内容阶段，互联网的诞生促使人类社会数据量出现第二次大的飞跃，互联网的出现使得数据传播更加快捷，不需要借助于磁盘、磁带等物理存储介质传播数据，网页的出现进一步加速了大量网络内容的产生。首先是以博客、微博、微信为代表的新型社交网络的出现和快速发展，使得用户产生数据的意愿更加强烈。其次就是以智能手机、平板电脑为代表的新型移动设备的出现，这些易携带、全天候接入网络的移动设备使得人们在网上发表自己意见、使用电子地图、进行电子商务等活动更为便捷。这个阶段数据的产生方式是主动的，最重要标志就是用户原创内容。

在感知模式系统阶段，人类社会数据量第三次大的飞跃最终导致了大数据的产生，今天我们正处于这个阶段。这次飞跃的根本原因在于物联网中大量传感器，如温度传感器、湿度传感器、压力传感器、位移传感器、光电传感器、摄像头等感知式系统的广泛使用。随着技术的发展，人们已经有能力制造极其微小的带有处理功能的传感器，并开始将这些设备广泛布置于社会的各个角落，通过这些设备来对整个社会的运转进行监控。这些设备会实时源源不断地产生新数据，这种数据的产生方式是自动的。

简单来说，数据产生经历了被动、主动和自动三个阶段。这些被动、主动和自动的数据共同构成了大数据的数据来源，但其中自动式的数据是大数据产生的最根本原因。

总体而言，大数据在硬件成本降低、网络带宽提升、云计算、网络技术发展、智能终端普及、电子商务、社交网络、电子地图等的全面应用、物联网共同支撑下产生并受到广泛重视与关注是必然事件。

3. 大数据与传统数据的对比

以教育数据为例，在传统数据中，一个学生读完九年制义务教育产生的可供分析的量化数据基本不会超过 10 kb，包括个人与家庭基本信息，学校与教师相关信息，各门各科的考试成绩，身高体重等生理数据，图书馆与体育馆的使用记录，医疗信息与保险信息等，以及其他类别的评估数据，主要依靠人工采集。这样的数据量，一台较高配置的普通家庭电脑，初级的 EXCEL 或 SPSS 软件就能进行 5 000 名以下学生量的统计分析工作；而双核处理器，ACESS，Survey Craft 等软件的配置足以完成整个区域的高级统计运算。这样的工作一般只需要中级水平的教育与心理统计知识，一套可供按部就班进行对照处理的数据分析模板，以及经过两三个月的操作培训就能基本胜任。

而大数据的分析则完全是另一种层面的技术。根据美国著名的课堂观察应用软件开发商 Classroom Observer 的研究,在一节 40 分钟的普通中学课堂中一个学生所产生的全息数据约有 5~6 GB,而其中可归类、标签、并进行分析的量化数据有 50~60 MB,这相当于他在传统数据领域中积累 5 000 年的数据总和。而要处理这些数据,需要运用云计算技术,并且需要采用 Matlab、Mathematica、Maple 等软件进行处理并进行数据可视化。而能够处理这些数据的专业人才一般来自数学或计算机工程领域,需要极强的专业知识与培训,而更为难能可贵的是,大数据挖掘并没有恒定的方法。

大数据与传统数据最本质的区别体现在采集来源以及应用方向上。传统数据的整理方式更能够凸显群体水平,如学生整体的学业水平、身体发育与体质状况、社会性情绪及适应性的发展、对学校的满意度等等。这些数据不可能,也没有必要进行实时采集,而是在周期性、阶段性的评估中获得。传统数据反映的是教育的因变量水平,即学生的学科学习状况、生理健康与心理健康的状态、对学校的主观感受等问题。这些数据完全是在学生知情的情况下获得的,带有很强的刻意性——主要会通过考试或量表调查等形式进行,因此也会给学生带来一定压力。

而大数据有能力去关注每一个个体学生的微观表现,如他在什么时候翻开书,在听到什么话的时候微笑点头,在一道题上逗留了多久,在不同的学科课堂上开小差的次数分别为多少,会向多少同班同学发起主动交流。这些数据对其他个体都没有意义,是高度个性化表现特征的体现。同时,这些数据的产生完全是过程性的,即课堂的过程、作业的过程、师生互动过程等等。这些在每时每刻发生的动作与现象中产生,这些数据的整合能够诠释教育微观改革中自变量的水平:课堂应该如何变革才符合学生心理特点?课程是否吸引学生?怎样的师生互动方式受到欢迎?……而最有价值的是,这些数据完全是在学生不自知的情况下被观察、收集的,只需要一定的观测技术与设备的辅助,而不影响学生任何的日常学习与生活,因此它的采集是非常自然、真实的。

所以,综合以上的观点,我们不难发现,传统数据与大数据呈现出以下区别:①传统数据诠释宏观、整体的状况,用于影响政策决策;大数据可以分析微观、个体以及环境的状况,用于调整其行为与实现个性化服务。②传统数据分析方式、采集方法、内容分类、采信标准等都已存在既有规则,方法论完整,数据主要靠人工采集;大数据分析为新鲜事物,数据采集通过传感器采集、软件开发工具包(software development kit,SDK)采集、运营商采集等自动化方式,还没有形成清晰的分析方法、路径,以及评判标准。③传统数据来源于阶段性、针对性的评估,其采样过程可能存在系统误差;大数据来源于过程性,即时性的行为与现象记录,第三方、技术性的观察采样的方式误差较小。

1.2.2　大数据的概念与内涵

1. 大数据的概念

大数据一词在阿尔文·托夫勒(Alvin·Tofler) 1980 年所著的《第三次浪潮》一书中,托夫勒将大数据推崇为"第三次浪潮的华彩乐章",并提出超前的观念"数据就是财富"。近十年来,大数据浪潮以难以想象的速度席卷全球,大数据技术也在不断渗透到经济社会的各个层面。虽然,大数据已经成为全球各国科技、经济、社会等不同领域研究和应用的焦点,但到目前为止,大数据仍然没有一个共识性的概念,不同研究人员和研究机构从计算科学、数据科学、信息科学、资源科学等诸多不同领域的研究者,均从各自的领域出发对大数据作出了诸多定义。

麦肯锡公司定义大数据是数据的集合,其大小超出了现有典型数据库获取、存储管理和分析数据的能力。《大数据时代》一书中定义大数据是不用随机分析法(抽样调查)这样的捷径,而采用所有数据进行分析处理。研究机构 Gartner 定义大数据是需要新处理模式才能具有更强的决策力、洞察发现力和流程优化能力来适应海量、高增长率和多样化的信息资产。

本书根据国务院 2015 年颁布的《促进大数据发展行动纲要》对大数据的论述,对大数据概念进行了界定,认为大数据是"具有规模巨大、种类多样、形成快速、真实度高的数据集合",可以通过使用新的信息技术手段从中发现新知识、创造新价值、提升能力的一种新兴的信息服务业态。

2. 大数据的内涵

关于大数据的内涵,从不同角度出发可以得到多种阐释。这里主要基于国家发展角度来理解大数据的内涵。

首先,大数据是一种全新的国家战略性资源,是重要的国家实力要素之一。作为新一代技术革命重要的成果之一,大数据技术是当今世界科技发展的前沿领域之一。"谁掌握了大数据技术,谁就掌握了发展的资源和主动权"。大数据技术能力在一定的程度上反映了国家在全球新一轮科技革命中的地位和潜力,大数据实力已成为国家发展能力的组成部分,且大数据的重要性会日益突出。

其次,大数据具有集聚性,即只有相关数据聚集在一起才能更好地发挥作用。大数据应用几乎涉及所有的领域,不同领域会产生各种不同的数据。然而,单一数据来源都有一定的局限性和片面性,只有大量集聚原始数据资源才能反映事物的全貌,并在海量数据中挖掘到珍贵的价值。由于采集角度的不同,不同的数据可能描述同一个现象或者动态。大数据能不能有助于现实问题的解决,关键在于对多种数据源的集成和融合。因此,从国家发展角度上来说,在解决面临的问题时,大量搜集汇聚不同来源的数据以便获得足够的互补信息,进而发现隐藏在各种交互相印数据背后事物的本质和规律,以便对问题有更深刻的认识,也便于找出问题的关键。

最后,大数据可以显著提升我国科学决策能力和水平。大数据的重要作用之一就是可以显著地提高预测的准确性,以便增强决策能力,目前大数据预测分析多应用在商业营销领域。伴随着大数据应用层次的不断提升,从微观上升到宏观层面,可以使国家决策建立在完整信息之上,让大数据更好地服务于我国经济社会发展。

1.2.3　大数据发展现状

摩尔定律以及相关领域的类摩尔定律的指数效应带来另外两个结果,就是互联网兴起以及产业数字化,而这两个结果合在一起,又产生了一个过去我们不太关注的结果,那就是各种数据量的急剧增长。1998 年图灵奖获得者杰姆·格雷提出著名的"新摩尔定律":每18 个月全球新增的信息量是计算机有史以来全部信息量的总和。这可以称之为大数据的摩尔定律,现实可能超越这个情况。我们可以将新摩尔定律同 1439 年前后古登堡发明印刷机时造成的信息爆炸作对比:在1453—1503年这50年间大约印刷了800万本书籍,比1200年之前君士坦丁堡建立以来整个欧洲所有手抄书还要多,即50年内欧洲的信息增长了一倍;而现在的数据增长速度则是每18个月全球信息总量翻一番。我们已经进入到大数据时代,数据呈现指数增长态势,当数据量增加到一定程度,量变就会转变成质变,今天大数据已成为一个非常热门的话题。图1-8和图1-9显示了从2008年至2020年数据增长的情况,总体数据随时间增长的态势呈现类指数曲线形增长,且以非结构化数据的增长为主。

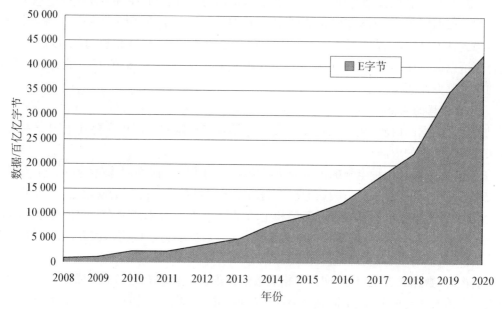

图1-8　数字数据的爆发式增长

资料来源:国际数据公司(IDC)。

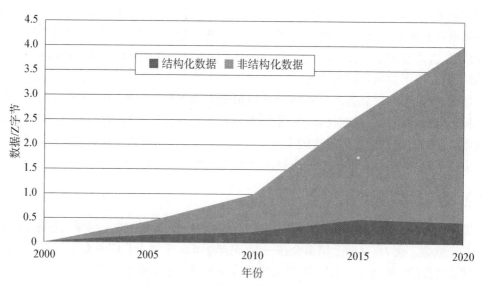

图1-9　结构化数据和非结构化数据增长堆积图

资料来源:国际数据公司(IDC)。

自 2014 年我国大数据战略开始谋篇布局,大致经历了 4 个不同阶段,正逐步从数据大国向数据强国迈进。图 1-10 展示了我国大数据战略布局 4 个阶段的基本情况。

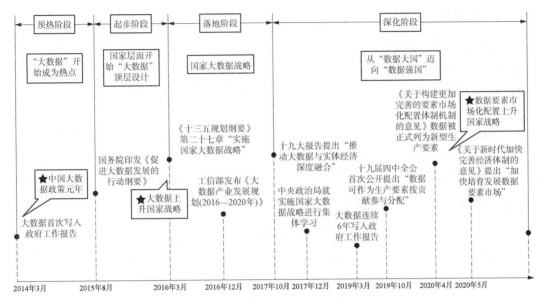

图 1-10　我国数据战略布局历程

资料来源:中国通信研究院。

2014 至 2017 年间,国家大数据战略经历了最初的预热、起步后开始落地实施。2014 年 3 月,"大数据"一词首次写入政府工作报告,大数据开始成为国内社会各界的热点。2015 年 8 月印发的《促进大数据发展行动纲要》(国发〔2015〕50 号)对大数据整体发展进行了顶层设计和统筹布局,产业发展开始起步。2016 年 3 月,《"十三五"规划纲要》正式提出"实施国家大数据战略",国内大数据产业开始全面、快速发展。随着国内大数据相关产业体系日渐完善,各类行业融合应用逐步深入,国家大数据战略走向深化阶段。2017 年 10 月,党的十九大报告提出推动大数据与实体经济深度融合,为大数据产业的未来发展指明方向。2019 年 3 月,政府工作报告第六次提到"大数据",并且有多项任务与大数据密切相关。进入 2020 年,数据正式成为生产要素,战略性地位进一步提升。4 月 9 日,中共中央、国务院发布《关于构建更加完善的要素市场化配置体制机制的意见》,将"数据"与土地、劳动力、资本、技术并称为五种要素,提出"加快培育数据要素市场"。5 月 18 日,中央在《关于新时代加快完善社会主义市场经济体制的意见》中进一步提出加快培育发展数据要素市场。这标志着数据要素市场化配置上升为国家战略,将进一步完善我国现代化治理体系,有望对未来经济社会发展产生深远影响。

从目前来看,作为关键生产要素,大量数据资源还没有得到充分有效的利用。根据互联网数据中心(IDC)和希捷科技的调研预测,随着各行各业企业的数字化转型提速,未来两年,企业数据将以 42.2% 的速度保持高速增长,但与此同时,调研结果显示,企业运营中的数据只有 56% 能够被及时捕获,而这其中仅有 57% 的数据得到了利用,43% 的采集数据并没有被激活。也就是说,仅有 32% 的企业数据价值能够被激活。随着数据要素市场培育和建设的步伐加快,数据的有效利用、数据价值的充分释放将成为多方力量共同努力的方向。

1.2.4 大数据的特征

大数据时代,由于万物皆可以被量化、数据化,其中数据(data)化不是数字(digit)化。根据对现有研究资料的总结分析,大数据一般有五大基本特征,分别是:数据规模大(volume)、种类多(variety)、速度快(velocity)、真实度高(veracity)以及价值大(value)。

1. 数据规模大

伴随互联网的不断发展,社交平台、金融机构、新闻媒体、电商平台等每时每刻都在产生大量的数据。以银行业为例,我国大型商业银行和保险公司的数据量已经超过100 TB,同时,伴随信息技术在不同领域的深度渗透与融合,每日新增数据量还在不断扩大。数据的计量单位也在不断变大,从最初的KB达到EB级别,如表1-1所示。

表1-1 数据计量单位

1024各单位……	……等于1单位的	注 释
KB (Kilobyte)	MB	一张音乐CD光盘拥有600 MB数据
MB (Megabyte)	GB	1 GB可以存储的数据量,等于书架上叠起来9 m多高的书籍
GB (Gigabyte)	TB	10 TB可以储存美国国会图书馆的全部信息
TB (Terabyte)	PB	1 PB可以储存的文本,如果打印出来可以装满2 000万个41 TB的书柜
PB (Petabyte)	EB	5 EB的信息量等于全人类曾经说过的全部词语
EB (Exabyte)	ZB	使用现在最快的宽带,下载1 ZB的信息需要至少110亿年

2. 种类多

伴随信息技术在全社会各领域日益深入的应用,加上几乎所有行业都对数据重要性的认知程度与日俱增,因此,宏微观方面的数据的种类越来越多,一方面是越来越多的行业产生各种不同的宏观方面数据,如金融、环境、气象、水利、产品设计等;另一方面是很多过去难以量化的如图像、音频、视频、生物识别、地理标记、笔迹等非结构化数据,不断丰富着微观数据的种类。

3. 速度快

由于硬件计算条件的升级与算法的不断优化,数据的生成、采集、传输、存储、分析速度均大大提升,同时数据的完整性和一致性也得到有效提升。

4. 真实度高

伴随大数据技术的不断进步,数据颗粒度不断强化,人们可以获得越来越细化的原始数据,这就保证了数据的原生性、真实性和即时性。加之,数据相关要求和标准的不断提高,对数据录入审核更严格和数据维护更严密,数据的真实度日渐提高。

5. 价值大

数据已经渗透到当今社会发展的所有行业和业务职能领域,日益成为一个国家的战略性资源。虽然由于数据的庞杂量大导致数据分析和挖掘出来的数据价值密度较低,然而大数据所蕴含的价值还是在不断增加。麦肯锡早在 2011 年就提出:"对于海量数据的挖掘和运用,预示着新一轮生产率增长和消费者盈余浪潮的到来。"伴随大数据分析技术的进步,数据无论在宏观层面还是微观层面都将发挥巨大的分析价值和应用价值。

1.2.5 大数据处理流程与大数据技术

1. 大数据的处理流程

图 1-11 以数据流为主线,展示了大数据从数据采集、数据管理、数据服务到数据应用4 个阶段的全过程,这也是大数据的生命周期。

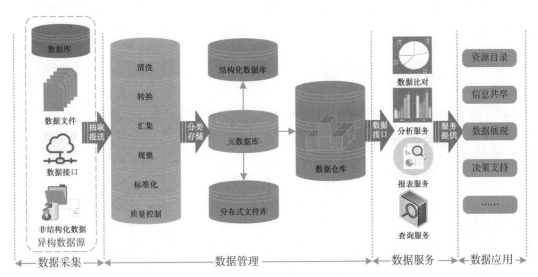

图 1-11 大数据处理流程

自动数据收集工具和成熟的数据库技术使得大量的数据被收集,如电商使用 MySQL和 Oracle 来储存每一笔交易,火车票售票网站记录销售信息,以及物联网中各种传感器源源不断记录的信息。数据采集过程利用多个数据库来接受各种客户端(Web、App 或传感器等)的数据,并且用户可以对这些数据进行简单查询和处理工作,是大数据处理流程的基础。这些数据的并发数很高,能让这些并发数高的数据源源不断地被记录下来是较为困难和有技术含量的。这是最前端的数据获取,这些最前端的数据包括结构化和非结构化的异构数据源。

第二个阶段是数据存储,它将数据载入分布式数据库、分布式存储集群。分布式数据库系统通常使用较小的计算机,每台计算机可以单独放在一个地方,在每台计算机中都有可能有数据管理系统的一份完整或部分拷贝的副本。大数据的文件按以前的方式放在一台电脑中很可能存储不下,按冗余存储的方式分块放在多台电脑则可以存储下来,之后可以使用一台元电脑将所有存储在各个计算机上的信息串联起来进行管理,这样就实现了所谓的分布式存储。这样的存储方式可以更高效的存储更多的数据,当然在访问速度上比在本地电脑上访问要慢一些。数据采集之后要经过适当的清洗、去噪、抽取和集成等预处理,因为数据量大,而且混杂,数据很可能是有瑕疵的,这样的数据质量是很难保证的,于是我们要做一些插值、标准化、降维等清洗和规整的工作,以保证数据的质量和可靠性,为数据管理做好准备。

数据分析部分是大数据处理的核心,采用分布式计算集群利用数据挖掘、机器学习、智能计算等方法分析数据的规律,属于数据服务阶段。数据分析的维度很多,包括可视化分析、结构化数据挖掘分析、预测性分析、非结构化半结构化数据分析(语义引擎)。通过这些数据分析,可以帮助我们从大数据中得到有用的信息和捕捉数据的规律。本书对数据的采集、存储、预处理并不做重点介绍,我们阐述和期望大家掌握的重点是数据分析过程。

最后一个阶段是数据解释,也称数据应用,是将数据分析的结果以可视化、人机交互等新兴技术将分析结构生动形象地展示给用户,进行阐释和报告的过程,最终形成可行、可理解的建议。

2. 大数据技术

在大数据生命周期全过程中,都有相应的大数据技术存在。如图 1 - 12 所示,相关技术读者可以做一个了解。在近年来发展起来最核心的大数据阶段是数据存储与管理、数据处理与分析,这对应了大数据两大核心技术:分布式存储和分布式处理。以谷歌公司技术为代表的大数据技术包括分布式数据库 BigTable、分布式文件系统 GFS、分布式并行处理技术 MapReduce。

数据采集	存储与管理	数据分析	数据解释
• ETL • 数据众包 　(Crowdsouring)	• 结构化、非结构化 　和半结构化数据 • 分布式文件系统 • 关系数据库 • 非关系数据库 　(NoSQL) • 数据仓库 • 云计算和云存储 • 实时流处理	• 关联规则分析 • 分类 • 遗传算法 • 神经网络 • 预测模型 • 模式识别 • 时间序列分析 • 回归分析 • 系统仿真 • 机器学习 • 优化 • 空间分析 • 社会网络分析 • 自然语言分析	• 标签云(Tag Cloud) • 聚类图(Clustergram) • 空间信息流(Spatial 　information flow) • 热图(Heatmap)

图 1 - 12　大数据相关技术

大数据处理的核心就是大数据分析技术,也是本书着重介绍的部分。数据分析可以分为广义的数据分析和狭义的数据分析,广义的数据分析包括狭义的数据分析和数据挖掘:狭义数据分析是指根据分析目的,用适当的统计分析方法及工具,对收集来的大量数据进行处理与分析,提取有价值的信息和形成结论而对数据加以详细研究和概括总结的过程,数据分析采用的主要方法包括对比分析、分组分析、交叉分析和回归分析等常用分析方法;数据挖掘是指从大量数据中,通过统计学、人工智能、机器学习等方法,挖掘出未知的且有价值的信息和知识的过程。数据挖掘的重点在于寻找未知的模式与规律。数据挖掘常用的方法包括分类、聚类、关联、预测(定量、定性)等。

由于目前有非常多的大数据相关产品存在,但没有任何一种产品能够满足所有的需求,在了解大数据技术的同时,还需注意大数据技术的模式。在企业中不同的应用场景,可能属于不同的计算模式,需要使用不同的大数据技术,所以我们需要非常清楚大数据产品解决的问题,采用的是什么样的模式。这些大数据的处理模式包括批处理(针对大规模数据批量处理,如 MapReduce、Spark),流计算(对于如用户点击流的流数据需要实时处理,给出实时响应,否则分析结果可能会失去商业价值。如 S4、Storm、Flume),图计算(如 Google Pregel 计算效率较高,像社交网络数据等就可以用其进行处理转化为图结构),交互式查询分析计算(针对大规模数据存储管理和查询分析,如 Google Dremel、Hive、Cassandra)。

1.2.6 大数据的运用

大数据时代万物皆可以数据化,态度变成数据可以表示情绪,方位变成数据可用于导航,沟通变成数据形成社交媒体,大数据的运用已经渗透到非常多的领域,包括业务流程优化、监控身体情况、理解满足客户需求、智能医疗研发、金融交易、研发智能汽车、实时掌控交通情况、改善日常生活等。应用的案例可谓数不胜数,以下从预测流感的典型案例让大家体会大数据在实际中的应用和思考。

2009 年 2 月,谷歌公司的工程师们在国际著名学术期刊《自然》上发表了一篇非常有意思的论文:《利用搜索引擎查询数据检测禽流感流行趋势》,并设计了流感预测系统。谷歌流感趋势(Google Flu Trends,GFT)预测 H1N1 流感的原理非常朴素:如果在某一个区域某一个时间段,有大量的有关流感的搜索指令。那么就可能存在一种潜在的关联,即在这个地区,就有很大可能性存在对应的流感人群,相关部门就值得发布流感预警信息。

GFT 监测并预测流感趋势的过程仅需一天,有时甚至可缩短至数个小时。相比而言,美国疾病控制与预防中心(Center for Disease Control and Prevention,CDC)同样也能利用采集来的流感数据发布预警信息,但 CDC 的流感预测结果通常需要滞后两周左右才能发布。但对于一种飞速传播的疾病(如禽流感等),疫情预警滞后发布,后果可能是致命的。

GFT 在这个研究中对于数据的处理只用了很简单的 Logistic 回归关系,但是却成功地预测了复杂的流感规模的问题。GFT 用简单的方法预测复杂的问题。这件事为什么能成? 根本就在于 Google 的数据量大。

谷歌工程师们开发的 GFT,可谓轰动一时,但好景不长,相关论文发表 4 年后,2013 年 2 月 13 日《自然》杂志发文指出,在最近(2012 年 12 月)的一次流感暴发中谷歌流感趋势不起作用了。GFT 预测显示某次的流感暴发非常严重,然而疾控中心(CDC)在汇总各地数据以后,发现谷歌的预测结果比实际情况要夸大了几乎一倍。研究人员发现,问题的根源在于,谷歌工程师并不知道搜索关键词和流感传播之间到底有什么关联,也没有试图去搞清楚关联背后的原因,只是在数据中找到了一些统计特征——相关性。GFT 预测失准在很大程度上是因为一旦 GFT 提到了有疫情,立刻会有媒体报道,就会引发更多相关信息搜索,反过来强化了 GFT 对疫情的判定。

2014 年 3 月,来自著名期刊《科学》发表由哈佛大学、美国东北大学的几位学者联合撰写的论文"谷歌流感的寓言:大数据分析中的陷阱(The parable of Google Flu:traps in big data analysis)",他们对谷歌疫情预测不准的问题做了更为深入地调查,也讨论了大数据的"陷阱"本质。《科学》一文作者认为,大数据的分析是很复杂的,但由于大数据的收集过程很难保证有像传统"小数据"那样缜密,难免会出现失准的情况,作者以谷歌流感趋势失准为例,指出"大数据傲慢(big data hubris)"是问题的根源。《科学》一文还认为,"大数据傲慢"还体现在一种错误的思维方式,即误认为大数据模式分析出的"统计学相关性",可以直接取代事物之间真实的因果和联系,从而过度应用这种技术。这就对那些过度推崇"要相关,不要因果"人群,提出了很及时的警告。毕竟,在某个时间很多人搜索"流感",不一定代表流感真的暴发,完全有可能只是上映了一场关于流感的电影或流行了一个有关流感的段子。

1.2.7　大数据思维

由于大数据区别于传统数据的特征,应用大数据必然有其独特的思维方式。总体而言,大数据不是随机样本而近似于全体样本,即数据更多;大数据并不具有精准性而是混杂的,即数据更杂;对大数据通常追求的不是因果关系,大数据为我们提供了更多的相关关系,我们简单称之为数据更好。

1. 全样本思维

大数据时代,我们不像以前那样依赖于随机样本,而追求的是全体样本。之所以使用随机采样,是因为随机采样可以用较小的样本估计和代表全体样本。我们并不是一开始就采用随机采样,比如,通过人口普查收集信息。然而直到如今,人口普查的次数也相对较少,因为每一次人口普查工程浩大,劳民伤财。采样分析有其弱点:采样分析的精确性随着采样随机性的增加而大幅提高,但与样本数量关系不大,换句话说,样本数量增加也不能使得这个弱点减小。同时采样分析存在一些困境:随机性难以保证;无法考察子类别;需要严密的安排和设计,缺乏延展性(调查问卷的变更非常困难)。相对抽样的弱点与困境,全样本完全不存在这些问题。

2. 容错思维

在小数据条件下,最重要的就是保证质量。采用小数据抽样的方法解读数据导致了样品的不稳定性,而全样的样本数量比抽样样本的数量高很多倍,因此也决定了它不能出现丝毫的错误,否则带来的后果是不可估量的。因此,为了保证结果的精准,就需要提高对抽样数据的质量要求。

在大数据情况下简单的算法可能会优于小数据的复杂算法,例如谷歌翻译的翻译思路。谷歌翻译是谷歌公司推出的针对文本、语音、图像以及实时视频的多语种翻译服务。该项目始于 2001 年,上线初期采用其他同类型公司(如雅虎)类似的传统机器翻译系统,传统机器翻译遵循以下规则:先设定好一套尽可能完善的语法规则以及两种语言的对应词库,然后根据这套规则对输入的语言进行翻译,翻译质量不高。当谷歌使用了大数据技术,使翻译质量得到了大大的提高。在 2005 年的美国国家标准技术研究院(National Institute of Standards and Technology,NIST)机器翻译系统比赛中,谷歌翻译一举拿到第一名。在 2006 年的比赛中,谷歌翻译几乎包揽全部比赛项目的第一名。根据维基百科公布的数据,截至 2016 年 1 月,谷歌翻译支持 90 种语言,每天为超过两亿人提供免费的多种语言翻译服务。

谷歌首席科学家奥科(Och)认为,"句法知识对统计机器翻译毫无益处,甚至有反作用"。因此由他领衔的谷歌翻译放弃了基于句法规则的机器翻译模型。在实践中,Och 的基本想法是从数据中学习。谷歌翻译将整个句子放到互联网库中进行搜索,统计出整个互联网中所有与这句话翻译相关的结果,而统计次数最高的译文就可以作为最终答案参考。这样一来,谷歌翻译就有了很好的效果,被用户接受程度也更高。因此谷歌翻译的工作本质是基于多种语言的平行语料库,结合统计和数学方法,构建大数据分析模型挖掘各种语言间的内在规律。按照 Och 的观点,谷歌翻译"构造非常大的语言模型,比人类历史上任何人曾经构造的都要大"。因此,谷歌翻译本质是一种大数据分析模型,翻译结果则是基于训练好的模型,进行样本外预测泛化的结果。

3. 相关性思维

大数据思维最突出的特点,就是从传统的因果思维转向相关思维,传统的因果思维是说我一定要找到一个原因,推出一个结果来。而大数据没有必要找到原因,不需要科学的手段来证明这个事件和那个事件之间有一个必然和先后关联发生的一个因果规律。它只需要知道,出现这种迹象的时候,我就按照一般的情况,这个数据统计的高概率显示它会有相应的结果,那么我只要发现这种迹象的时候就可以去做一个决策。这与以前的科学思维方式很不一样,科学研究要求实证,并找到准确的因果关系。

举一个简单的沃尔玛把蛋挞与飓风用品摆在一起的例子,沃尔玛通过对历史交易记录数据库进行观察,注意到每当季节性飓风来临之前,不仅手电筒销量增加,而且美式早餐含糖零食蛋挞销量也增加了。因此每当季节性飓风来临时,沃尔玛就会把蛋挞与飓风用品摆放在一起,从而提高销量。我们很难想象飓风与蛋挞的关系,但这样的相关关系确实存在,并且能得到提高销量的较好效果。

另一个例子是美国纽约非法在屋内打隔断的建筑物着火的可能性比其他建筑物高很多。纽约市每年接到 2.5 万宗有关房屋住得过于拥挤的投诉,但市里只有 200 名处理投诉的巡视员,市长办公室一个分析专家小组觉得大数据可以帮助解决这一需求与资源的落差。该小组建立了一个市内全部 90 万座建筑物的数据库,并在其中加入市里 19 个部门所收集到的数据:欠税扣押记录、水电使用异常、缴费拖欠、服务切断、救护车使用、当地犯罪率、鼠患投诉,诸如此类。接下来,他们将这一数据库与过去 5 年中按严重程度排列的建筑物着火记录进行比较,希望找出相关性。果然,建筑物类型和建造年份是与火灾相关的因素。不过,一个没预料到的结果是,获得外砖墙施工许可的建筑物与较低的严重火灾发生率之间存在相关性。利用所有这些数据,该小组建立了一个可以帮助他们确定哪些住房拥挤投诉需要紧急处理的系统。他们所记录的建筑物的各种特征数据都不是导致火灾的原因,但这些数据与火灾隐患的增加或降低存在相关性。这种知识被证明是极具有价值的:过去房屋巡视员出现场时签发房屋腾空令的比例只有13％,在采用新办法之后,这个比例上升到70％,效率也大大提高了。

大数据思维转向相关性,因果关系还是其基础,科学的基石还是很重要的。只是在高速信息化的时代,为了得到及时高效的信息,实时预测,在快速的大数据分析技术下,寻找到相关性信息,就可预测用户的行为,为企业快速决策提供提前量。比如预警技术,只有提前几十秒察觉,防御系统才能起作用。比如,雷达显示有个提前量,如果没有这个预知的提前量,雷达的作用也就没有了,相关性也是这个原理。

习 题

1. 什么是大数据? 大数据的特征有哪些?
2. 大数据给数据分析带来的三大颠覆性观念改变分别是什么?
3. 大数据处理的基本流程由哪几个步骤组成?
4. 大数据处理的模式有哪些?
5. 请描述一个典型的大数据应用的案例。

第2章

Python 数据获取与预处理

本章知识点

（1）了解大数据主要数据类型及区别。

（2）熟悉文件操作流程，掌握 CSV 文件存取方法。

（3）熟悉数据质量分析及清洗流程，能够对数据中缺失值、异常值、重复值进行处理。

（4）熟悉不同数据特征分析方法，掌握相关系数求取及相关性分析方法。

（5）了解数据集成意义及过程，掌握数据标准化、规范化的实现方法。

（6）了解数据规约意义及过程，熟悉主成分分析方法。

移动互联网、物联网、大数据等新一代信息技术的高速发展，加速了数据时代的进程，推动了数据指数级增长。数据挖掘是运用一定算法从海量数据中挖掘出有价值的信息、发现之前未知有用模式的过程，是一门发展迅速的交叉学科。数据质量会直接影响数据挖掘效果，因此，在利用数据进行挖掘建模前，需要获取数据并进行分析和预处理，以解决原始数据存在的数据不完整、不一致和数据异常等问题。本章将介绍数据类型以及数据获取和预处理过程。

2.1　数据类型

大数据领域主要包括三种数据类型：结构化数据、半结构化数据和非结构化数据，早期计算机主要处理结构化数据，但随着大数据等技术发展，半结构化数据和非结构化数据也被广泛用于数据挖掘。

2.1.1　结构化数据

结构化数据也称作行数据，是由二维表结构来逻辑表达和实现的数据，严格地遵循数据格式与长度规范。它主要通过关系型数据库进行存储和管理，具体应用场景包括企业 ERP、财务系统、医疗 HIS 数据库、国泰安 CSMAR 数据库以及万德 WIND 数据库等。结构化数据一般以行为单位，一行数据代表一个实体信息，每一行数据具有相同的属性，如

表2-1所示。

表2-1 结构化数据表

序号	姓名	年龄	性别
1	张三	27	男
2	李四	33	男
3	王五	21	男
4	赵六	48	女

（1）数据特点：关系模型数据，关系数据库表示。
（2）常见格式：MySQL、Oracle、SQL Server 等。
（3）应用场合：数据库、系统网站、ERP 等。
（4）数据采集：数据库导出、SQL 方式等。
结构化数据的存储和排列非常规律，便于查询、索引和修改，但扩展性较差。

2.1.2 半结构化数据

半结构化数据介于结构化数据和非结构化数据之间，比关系型数据库或其他数据表形式关联起来的数据模型结构更加灵活，与普通纯文本相比又具有一定的结构性。半结构化数据的数据结构和内容混在一起，没有明显的区分，因此也称为自描述的结构。常见的半结构化数据包括 XML 文档和 JSON 文档等，以下代码为 XML 文档示例。

```
1  <person>
2      <name>A</name>
3      <age>13</age>
4      <gender>female</gender>
5  </person>
```

（1）数据特点：非关系模型数据，有一定的格式。
（2）常见格式：Email、HTML、XML、JSON 等。
（3）应用场合：邮件系统、档案系统、新闻网站等。
（4）数据采集：网络爬虫、数据解析等。
半结构化数据中属性的个数并不确定。例如存储员工的简历，每个员工的简历并不相同，有的员工的简历很简单，比如只包括教育情况；有的员工的简历却很复杂，比如包括工作情况、婚姻情况、出入境情况、户口迁移情况、党籍情况、技术技能等。从中可以看出，半结构化数据可以表达多种有用信息，具有良好的扩展性。

2.1.3 非结构化数据

非结构化数据就是没有固定结构的数据，各种文档、图片、视频、音频等都属于非结构化数据，一般以二进制的格式整体进行存储，如图2-1所示。

（1）数据特点：没有固定格式的数据。

（2）常见格式：文本、PDF、PPT、图片、音频、视频等。

（3）应用场合：人脸识别、文本分析、医疗影像分析等。

（4）数据采集：网络爬虫、数据存档等。

大数据时代，非结构化数据扮演着越来越重要的角色，但比结构化数据更难标准化和理解，所以数据的存储、检索、发布以及利用需要更加智能化的信息技术。

音频　　　　　图片

Four scores and seven years ago...

文本

图 2-1　非结构化数据

数据获取

在进行数据挖掘和数据分析时，首先要解决的问题是如何将数据加载到 Python 中。不同的数据来源有不同的处理方法，下面进行简单介绍。

2.2.1　文件存取

1. 文件概述

文件是存储在辅助存储器上的数据序列，是数据的集合和抽象，可以包含任何数据的内容。文件通常有两种类型：文本文件和二进制文件。

文本文件一般是由单一特定编码的字符组成，如 UTF-8 编码，内容容易统一展示和阅读，可以看作是存储在磁盘上的长字符串，如.txt 格式的文本文件。二进制文件直接由比特 0 和比特 1 组成，没有统一的字符编码，文件内部数据的组织格式与文件用途有关，例如.png 格式的图片文件、.avi 格式的视频文件。

文本文件和二进制文件最主要的区别在于是否有统一的字符编码。二进制文件由于没有统一的字符编码，只能当作字节流，而不能看作是字符串。无论文件创建为文本文件还是二进制文件，都可以用"文本文件方式"和"二进制文件方式"打开，但打开后的操作不同。

【实例 2-1】理解文本文件和二进制文件的区别。

生成一个.txt 格式的文本文件，内容是"实现中华民族伟大复兴"，命名为"2.1.txt"。分别用文本文件和二进制文件的方式读入，并打印输出效果。代码如下：

```
textFile = open("2.1.txt","rt") ♯t 表示文本文件方式
print(textFile. readline())
textFile. close()
binFile = open("2.1.txt","rb") ♯b 表示二进制文件方式
print(binFile. readline())
textFile. close()
```

输出结果如下：

实现中华民族伟大复兴
b'\xca\xb5\xcf\xd6\xd6\xd0\xbb\xaa\xc3\xf1\xd7\xe5\xce\xb0\xb4\xf3\xb8\xb4\xd0\xcb'

可以看到，采用文本方式读入文件，文件经过编码形成字符串，打印出有含义的字符；采用二进制方式打开文件，文件被解析为字节流。由于存在编码，字符串中的一个字符由两个字节表示。

2. 文件的打开和关闭

Python对文本文件和二进制文件采用统一的操作步骤，即"打开—操作—关闭"，如图2-2所示。操作系统中的文件默认处于存储状态，首先需要将其打开，使得当前程序有权操作这个文件，打开不存在的文件可以先创建一个文件。打开后的文件处于被占用状态，此时，另一个进程不能操作这个文件。可以通过一组方法读取文件的内容或向文件写入内容，此时，文件作为一个数据对象存在，采用<a>.<b>()方式进行操作。操作之后需要将文件关闭，关闭将释放对文件的控制，这时文件恢复存储状态，另一个进程将能够操作这个文件。

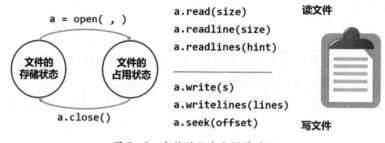

图2-2　文件的状态和操作过程

Python通过open()函数打开一个文件，并实现该文件与一个程序变量的关联，格式如下：

<变量名> = open(<文件名>,<打开模式>)

open()函数有两个参数：文件名和打开模式。文件名可以是文件的实际名字，也可以是包含完成路径的名字。打开模式用于控制使用何种方式打开文件，open()函数提供了7种基本打开模式，如表2-2所示。

表2-2　文件的打开方式

文件打开模式	描　述
'r'	只读模式，默认值，如果文件不存在，返回FileNotFoundError
'w'	覆盖写模式，文件不存在则创建，存在则完全覆盖
'x'	创建写模式，文件不存在则创建，存在则返回FileExistsError
'a'	追加写模式，文件不存在则创建，存在则在文件最后追加内容

（续表）

文件打开模式	描　述
'b'	二进制文件模式
't'	文本文件模式,默认值
'+'	与 r/w/x/a 一同使用,在原功能基础上增加同时读写功能

打开模式使用字符串方式表示,根据字符串定义,单引号或者双引号均可。上述打开模式中,'r'、'w'、'x'、'a' 可以和 'b'、't'、'+' 组合使用,形成既表达读写又表达文件模式的方式。例如,open()函数默认采用 'rt'(文本只读)模式,而读取一个二进制文件,如一张图片、一段视频,需要使用文件打开模式 'rb'。例如,打开一个名为 'music.mp3' 的音频文件,代码如下:

```
benfile = open('music.mp3', 'rb')
```

文件使用结束后,用 close()方法关闭,释放文件的使用授权,该方法的使用方式如下:

```
<变量>.close()
```

3. 文件的读写

当文件被打开后,根据打开方式不同可以对文件进行相应的读写操作。当文件以文本方式打开时,读写按照字符串方式,采用计算机使用的编码或指定编码;当文件以二进制方式打开时,读写按照字节流方式。Python 常用的 3 种文件内容读取方法,如表 2-3 所示。

表 2-3　文件内容读取方法

操作方法	描　述
<f>.read(size=-1)	读入全部内容,如果给出参数,读入前 size 长度
<f>.readline(size=-1)	读入一行内容,如果给出参数读入该行前 size 长度
<f>.readlines(hint=-1)	读入文件所有行,以每行为元素形成列表,如果给出参数,读入前 hint 行

【实例 2-2】文本文件逐行打印。

用户输入文件路径,以文本文件方式读入文件内容并逐行打印,代码如下:

```
fname = input("请输入要打开的文件名称:")
fo = open(fname,"r")
for line in fo.readlines():
    print(line)
fo.close()
```

程序首先提示用户输入一个文件名,然后打开文件并赋值给文件对象变量 fo。文件的全部内容通过 fo. readlines()方法读入到一个列表中,列表的每个元素是文件一行的内容,然后通过 for-in 方式遍历列表,处理每行内容。

Python 提供了 3 个与文件内容写入有关的方法,如表 2-4 所示。

表2-4 文件内容写入方法

操作方法	描　述
<f>. write(s)	向文件写入一个字符串或字节流
<f>. writelines(lines)	将一个元素全为字符串的列表写入文件
<f>. seek(offset)	改变当前文件操作指针的位置,offset 含义如下: 0—文件开头;1—当前位置;2—文件结尾

【实例2-3】向文件写入一个列表。

向文件写入一个列表类型,并打印输出结果,代码如下:

```
fo = open("output. txt","w+")
ls = ["中国", "法国", "美国"]
fo. writelines(ls)
for line in fo:
    print(line)
fo. close()
```

程序执行结果如下:

可以看到,在执行程序后,没有输出所输入的列表内容,但在计算机 Python 的工作目录下,找到 output. txt 文件,打开后可以看到"中国法国美国"的内容。

列表内容被写入文件,但为何没有把这些内容打印出来呢?这是因为在文件写入内容后,当前文件操作指针在写入内容的后面,打印指令从指针开始向后读入并打印内容,被写入的内容却在指针前面,因此未能打印出来。要解决这个问题,可以在写入文件后增加一条代码 fo. seek(0)将文件操作指针返回到文件开始,即可显示写入的内容,代码如下:

```
fo = open("output. txt","w+")
ls = ["中国", "法国", "美国"]
fo. writelines(ls)
fo. seek(0)
for line in fo:
    print(line)
fo. close()
```

程序执行结果如下：

中国法国美国

需要注意的是，fo. writelines()方法并不在列表后面增加换行，而是将列表的内容直接排列输出。

2.2.2　CSV文件存取

上一节介绍的是基本的文件读写操作，但是在实际工作中，需要用更加丰富的存储格式来提高效率。在数据的获取中，首选的存储格式是CSV。

逗号分隔值（comma-separated values，CSV）是一种国际通用的一维、二维数据存储格式，其对应文件的扩展名为. csv，可使用Excel软件直接打开。CSV文件中每一行对应一组一维数据，其中的各数据元素之间用英文半角逗号分隔；CSV文件中的多行形成了一组二维数据，即二维数据由多个一维数据组成。

Python是自带CSV模块的，但通常并不使用，因为有更好的方法进行CSV文件的读取，最常用的就是pandas库。使用pandas库可以直接读取CSV文件，并将其保存为Series和DataFrame，在进行一系列操作之后，只需要简单几行代码就可以保存文件。

1. CSV文件的读取

使用pandas库的read_csv()函数，能够非常简单的读取CSV文件；改变函数的相应参数，还可以实现读取指定内容等功能。

【实例2-4】读取一个CSV文件。

读取存储在计算机Python工作目录下的2.4. csv文件，具体内容如图2-3所示。

代号,体重,身高
A,65,178
B,70,177
C,64,175
D,67,175

图2-3　2.4. csv文件示意图

代码如下：

```
import pandas as pd
df = pd. read_csv("2.4. csv")
print(df)
```

程序执行结果如下：

```
  代号  体重  身高
0  A   65  178
1  B   70  177
2  C   64  175
3  D   67  175
```

由以上结果可以看出,代码、体重和身高都作为 DataFrame 的数据进行了读取,而索引是系统自动生成的 0,1,2,3。如果想把代号作为索引进行读取,则执行如下操作:

```
import pandas as pd
df = pd. read_csv("2. 4. csv", index_col="代号")
print(df)
print(df. index. name)
```

程序执行结果如下:

```
代号 体重  身高
A   65  178
B   70  177
C   64  175
D   67  175
df.index.name: 代号
```

可以看出,代号已经成为数据文件的索引。

2. CSV 文件的存储

如果在程序中生成了一些数据,需要保存到计算机中,就用到了文件的存储。文件存储有多种形式,CSV 文件是比较常用而且方便的一种方式,使用 pandas 库中 to_csv() 函数进行存储。

【实例 2-5】存储一个 CSV 文件。

经 Python 中的数据文件存储为计算机中 Python 工作目录下的 2.5. csv 文件,执行如下操作:

```
import pandas as pd
#生成一些数据
data = {"A":[1,2,3],"B":[4,5,6]}
df = pd. DataFrame(data)    #将字典转化为 dataframe 格式
print(df)
#存储为 csv 文件
df. to_csv("2. 5. csv")
```

此时,程序已经生成了 CSV 文件 2.5.csv,打开文件,进行检查,结果如下所示:

```
,A,B
0,1,4
1,2,5
```

可以看到,当前数据已经正确存储。如果不想要前面的索引,可以在 to_csv() 函数中

设置 index 参数为 None,执行程序如下:

```
#存储为 csv 文件
df.to_csv("2.5.csv", index=None)
```

此时,再次查看生成的文件,显示如下:

```
A,B
1,4
2,5
```

CSV 文件的读取和存储还有许多参数和用法,可以通过查看帮助文档进行了解和测试。同样,Excel 生成的. xls 文件和. xlsx 文件可以用 pandas 库的 read_excel()函数和 to_excel()函数用类似的方法进行读取。

2.2.3 网络爬虫

大数据时代,还有一种重要的数据来源就是网络数据。通过网络爬虫技术,可以从网站上获取数据信息。该方法可以将半结构化数据、非结构化数据从网页中抽取出来,将其存储为统一的本地数据,支持图片、音频、视频等数据采集。

1. 爬虫简介

什么是网络爬虫呢? 网络爬虫(web crawler),也称为网络蜘蛛(web spider),是在万维网浏览网页并按照一定规则提取信息的脚本或程序。一般浏览网页时,用户首先向网站服务器发起请求,网站对用户请求进行信息检验后,没有问题则返回用户请求的网页信息,出现问题则返回报错信息。而利用网络爬虫爬取信息就是模拟这一过程。用脚本模仿浏览器,向网站服务器发出浏览网页内容的请求,在服务器检验成功后,返回网页的信息,然后解析网页并提取需要的数据,最后将提取得到的数据保存即可。

Python 中常用于网络爬虫的库有 Requests 库、Scrapy 库等,它们有着各自的适用范围,具体如图 2-4 所示。

图 2-4 网络爬虫尺寸

由图 2-3 可以看出,在进行网页内容爬取时,使用 Requests 库即可满足要求。因此,本部分将利用 Requests 库进行网页内容爬取。

2. 数据抓取

在利用网络爬虫进行数据爬取时，使用 Requests 库发起请求。Requests 库是一个简洁且简单的 Python HTTP 库，使用方式非常的简单、直观、人性化，让使用者的精力完全从库的使用中解放出来。Requests 库的官方文档同样非常完善详尽，英文文档地址为 http://docs. python-requests. org/en/master/api。

但利用网络爬虫会带来以下问题：Web 服务器默认接受人类访问，受限于编写水平和目的，网络爬虫将会为 Web 服务器带来巨大的资源开销，造成服务器压力过大，可能使得网页相应速度变慢，影响网站的正常运行；服务器上的数据产权归属尚不明确，网络爬虫获取数据后牟利将带来法律风险；网络爬虫可能具备突破简单访问控制的能力，获得被保护数据，从而泄露个人隐私。

因此，网站通常会利用两种方式对网络爬虫进行限制。一是检查来访 HTTP 协议头的 User-Agent 域（相当于身份识别），来判断发起请求的是不是机器人，只响应浏览器或友好爬虫的访问。二是网站会发布的 Robots 协议，告知所有爬虫网站允许的爬取策略和内容，要求爬虫遵守。例如，百度 Robots 协议可以通过 www. baidu. com/robots. txt 进行查看。

由于网络爬虫内容较多，本部分只结合案例简单介绍网页内容的爬取。Requests 库有 7 个主要方法，如表 2-5 所示。

表 2-5　Requests 库的 7 个主要方法

操作方法	描　述
requests. request()	构造一个请求，支撑以下各方法的基础方法
requests. get()	获取 HTML 网页的主要方法，对应于 HTTP 的 GET
requests. head()	获取 HTML 网页头信息的方法，对应于 HTTP 的 HEAD
requests. post()	向 HTML 网页提交 POST 请求的方法，对应于 HTTP 的 POST
requests. put()	向 HTML 网页提交 PUT 请求的方法，对应于 HTTP 的 PUT
requests. patch()	向 HTML 网页提交局部修改请求，对应于 HTTP 的 PATCH
requests. delete()	向 HTML 网页提交删除请求，对应于 HTTP 的 DELETE

其中，requests. get()是获取网页数据的核心函数。

【实例 2-6】获取网页数据。

以京东为例，爬取网页数据，代码如下：

```
import requests
url = "https：//www. jd. com"
data = requests. get(url)
print(data. text)
```

运行结果如下（截取部分内容）：

```
<!DOCTYPE html>
<html>

<head>
    <meta charset="utf8" version='1'/>
    <title>京东(JD.COM)-正品低价、品质保障、配送及时、轻松购物！</title>
    <meta name="viewport" content="width=device-width, initial-scale=1.0, maximum-scale=1.0, user-
scalable=yes"/>
    <meta name="description"
        content="京东JD.COM-专业的综合网上购物商城,销售家电、数码通讯、电脑、家居百货、服装服饰、母婴、图书、
食品等数万个品牌优质商品.便捷、诚信的服务,为您提供愉悦的网上购物体验!"/>
    <meta name="Keywords" content="网上购物,网上商城,手机,笔记本,电脑,MP3,CD,VCD,DV,相机,数码,配件,手表,存储
卡,京东"/>
    <script type="text/javascript">
        window.point = {}
        window.point.start = new Date().getTime()
    </script>
```

其中，url(uniform resource locator)称为统一资源定位器，是因特网的万维网(WWW)服务程序上用于指定信息位置的表示方法，每一信息资源都有统一的且在网上唯一的地址即 url。在本例中，利用 Requests 库的 get 方法，向此 url(京东首页)发起请求，并将服务器返回的内容存入变量 data。网络上爬取的数据格式多种多样，常用的有 JSON、HTML/XML、YAML 等。不同的数据格式有不同的解析方式，具体数据解析过程将在后续案例中进行讲解。

2.3 数据质量分析与清洗

在收集到初步的样本数据后，接下来要考虑的问题是样本数据集的数量和质量是否满足模型构建的要求。只有数据质量得到保障，才能使数据挖掘分析结论具有准确性和有效性，所以首先要对数据进行质量分析和清洗。

2.3.1 数据质量分析

数据质量分析是数据挖掘中数据准备过程的重要一环节，是数据预处理的前提。没有可信的数据，数据挖掘构建的模型将是空中楼阁。数据质量分析的主要任务是检查在原始数据中是否存在脏数据。脏数据一般是指不符合要求以及不能直接进行相应分析的数据，常见的脏数据包括：缺失值、异常值、不一致的值、重复数据及含有特殊符号（如♯、¥、＊）的数据等。本节将主要对数据中的缺失值、异常值和一致性进行分析。

1. 缺失值分析

数据的缺失主要包括记录的缺失和记录中某个字段信息的缺失，两者都会造成分析结果不准确。下面从缺失值产生的原因及影响等方面展开研究。

1）缺失值产生的原因

缺失值产生的原因主要有以下 3 点：

（1）有些信息暂时无法获取，或者获取信息的代价太大。

（2）有些信息是被遗漏的。可能是因为输入时认为该信息不重要、忘记填写或对数据理解错误等一些人为因素而遗漏，也可能是由于数据采集设备故障、存储介质故障、传输媒体故障等非人为原因而丢失。

（3）属性值不存在。在某些情况下，缺失值并不意味着数据有错误。对一些对象来说，某些属性值是不存在的，如一个未婚者的配偶姓名、一个儿童的固定收入等。

2）缺失值的影响

缺失值会产生以下的影响：

（1）数据挖掘建模将丢失大量的有用信息。

（2）数据挖掘模型所表现出的不确定性更加显著，模型中蕴含的规律更难把握。

（3）包含空值的数据会使建模过程陷入混乱，导致不可靠的输出。

3）缺失值的分析

对缺失值的分析主要从以下两方面进行：

（1）使用简单的统计分析，可以得到含有缺失值属性的个数以及每个属性的未缺失数、缺失数与缺失率等。

（2）对于缺失值的处理，从总体上来说分为删除缺失值的记录、对可能缺失的值只进行插补和不处理3种情况。

2. 异常值分析

异常值分析是检验数据是否有录入错误和不合常理的数据。忽视异常值的存在是十分危险的，不加剔除的将异常值放入数据的计算分析过程中，会对结果造成不良影响；重视异常值的出现，分析其产生的原因，常常成为发现问题进而改进决策的契机。

异常值是指样本中的个别值，其数值明显偏离其他观测值。因此，异常值也被称为离群点，异常值分析也称为离群点分析。

1）简单统计量分析

在进行异常值分析时，可以先对变量做一个描述性统计，进而查看哪些数据是不合理的。最常用的统计量是最大值和最小值，用来判断这个变量的取值是否超出了合理范围。如客户年龄的最大值为199岁，则判断该变量的取值存在异常。

2）3σ原则

如果数据服从正态分布，在3σ原则下，异常值被定义为一组测定值中与平均值的偏差超过3倍标准差的值。在正态分布的假设下，距离平均值3σ之外的值出现的概率为$P(|x-\mu|>3\sigma)\leqslant0.003$，属于极个别的小概率事件。

如果数据不服从正态分布，也可以用远离平均值的标准差倍数来描述。

3）箱型图分析

箱型图提供了识别异常值的一个标准：异常值通常被定义为小于$Q_L-1.5\text{IQR}$或大于$Q_U+1.5\text{IQR}$的值。Q_L称为下四分位数，表示全部观察值中有1/4的数据取值比它小；Q_U称为上四分位数，表示全部观察值中有1/4的数据取值比它大；IQR称为四分位数间距，是上四分位数Q_U与下四分位数Q_L之差，包含了全部观察值的一半。

箱型图依据实际数据绘制，对数据没有任何限制性的要求，如服从某种特定的分布形式。一方面，箱型图只是真实直观地表现数据分布的本来面貌；另一方面，箱型图判断异常值的标准以四分位数和四分位距为基础，四分位数具有一定的鲁棒性，多达25%的数据可以变得任意远而不会严重扰动四分位数，所以异常值不能对这个标准施加影响。由此可见，箱型图识别异常值的结果比较客观，在识别异常值方面有一定的优越性，如图2-5

所示。

【实例2-7】餐饮系统销售数据质量分析。

分析餐饮系统日销额数据可以发现,其中有部分数据是缺失的,但是如果数据记录和属性较多,使用人工分辨的方法就不切实际,所以这里需要编写程序来检测出含有缺失值的记录和属性以及缺失值个数和缺失率等。

在 Python 的 Pandas 库中,只需要读入数据,然后使用 describe() 函数即可查看数据的基本情况,代码如下所示:

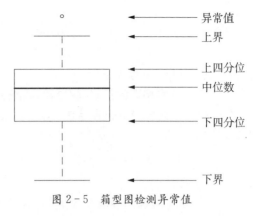

图2-5 箱型图检测异常值

```python
import pandas as pd
catering_sale = './data/catering_sale.xls'   # 工作目录 data 文件夹下的餐饮数据
data = pd.read_excel(catering_sale, index_col = '日期')   # 指定"日期"为索引列
print(data.describe())
```

程序运行结果如下:

```
                  销量
count    200.000000
mean    2755.214700
std      751.029772
min       22.000000
25%     2451.975000
50%     2655.850000
75%     3026.125000
max     9106.440000
```

其中,count 是非空值数,通过 len(data) 可以知道数据记录为 201 条,因此缺失值数为 1。另外,提供的基本参数还有平均值(mean),标准差(std),最小值(min),最大值(max)以及 1/4、1/2、3/4 分位数(25%、50%、75%)。更直观地展示这些数据并且可以检测异常值的方法是使用箱型图。python 检测代码如下所示:

```python
import matplotlib.pyplot as plt   # 导入图像库
plt.rcParams['font.sans-serif'] = ['SimHei']   # 用来正常显示中文标签
plt.rcParams['axes.unicode_minus'] = False   # 用来正常显示负号
plt.figure()   # 建立图像
p = data.boxplot(return_type='dict')   # 画箱线图
x = p['fliers'][0].get_xdata()   # 'flies' 即为异常值的标签
```

```
y = p['fliers'][0]. get_ydata()
'''
用 annotate 添加注释
其中有些相近的点,注解会出现重叠,难以看清,需要一些技巧来控制
以下参数都是经过调试的,需要具体问题具体调试。
'''
for i in range(len(x)):
    if i>0:
        plt. annotate(y[i],xy = (x[i],y[i]), xytext=(x[i]+0.05 −0.8/(y
        [i]−y[i−1]),y[i]))
    else:
        plt. annotate(y[i], xy = (x[i],y[i]), xytext=(x[i]+0.08,y[i]))
plt. show()    ♯ 展示箱型图
```

程序运行结果如图 2-6 所示。

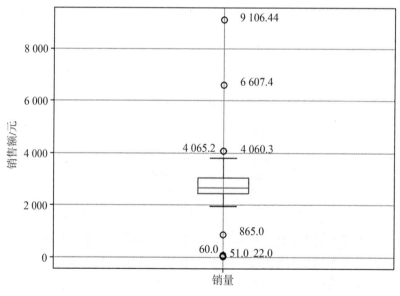

图 2-6 异常值检测箱型图

从图 2-6 可以看出,在箱型图中超过上下界的 8 个日销售额数据可能为异常值。结合具体业务,可以把 865.0、4 060.3、4 065.2 归为正常值,将 22.0、51.0、60.0、6 607.4、9 106.44 归为异常值。最后确定过滤规则为日销额在 400 元以下或 5 000 元以上属于异常值,编写过滤程序,进行后续处理。

3. 一致性分析

数据不一致是指数据的矛盾性、不相容性。直接对不一致的数据进行挖掘,可能会产生与实际相违背的挖掘结果。

不一致数据的产生主要发生在数据集成的过程中,这可能是由于被挖掘的数据来自不同的数据源,对于重复存放的数据未能进行一致性更新造成的。例如,两张表格中都存储了用户的电话号码,但在用户的电话号码发生改变时只更新了一张表格中的数据,那么这两张表格就产生了不一致的数据。

2.3.2 数据清洗

对数据进行质量分析后,还需要进一步进行数据清洗,这个过程主要是删除在原始数据集中的无关数据、重复数据、平滑噪声数据,筛选掉与挖掘主题无关的数据,处理缺失值、异常值等。

1. 缺失值处理

处理缺失值的方法可以分为3类:删除记录、数据插补和不处理。

如果简单删除小部分记录就能达到既定的目标,那么删除含有缺失值的记录这种方法是非常有效的。然而,这种方法存在较大的局限性。它是以减少历史数据来换取数据的完备,这会造成资源的大量浪费,丢弃了隐藏在这些记录中的信息。尤其是在数据量较少的情况下,删除少量数据就可能严重影响分析结果的客观性和正确性。

在数据挖掘过程中,常用的数据插补方法如表2-6所示,本节重点介绍均值插补法和拉格朗日插值法。

表2-6 常用数据插补方法

操作方法	描 述
均值/中位数/众数插补法	根据属性值的类型,用该属性取值的均值/中位数/众数插补
使用固定值	将缺失的属性值用一个常量替换。如广州一个工厂外来务工人员"基本工资"属性缺失,可以用2020年广州市普通外来务工人员工资标准这个固定值代替
最近临插补法	在记录中找到与缺失样本最接近样本的该属性值
回归方法	根据已有数据和与其相关的其他变量数据,建立拟合模型来预测缺失的属性值
插值法	利用已知点建立合适的插值函数 $f(x)$,未知值由对应点 x_i 求出的函数值 $f(x_i)$ 近似代替

1) 均值插补法

均值插补法较为简单,其过程为求出所有非空值属性的平均值,并利用平均值对空值进行插补。

【实例2-8】均值插补法。

首先,对餐饮系统销售数据进行异常值检测,将异常值变为空值,然后,用均值对空值进行插补。

```
import pandas as pd   # 导入数据分析库 Pandas
inputfile = './data/catering_sale.xls'   # 销量数据路径
```

```
outputfile = './tmp/sales.xls'    ＃ 输出数据路径
data = pd.read_excel(inputfile)    ＃ 读入数据
data[u'销量'][(data[u'销量'] < 400) | (data[u'销量'] > 5000)] = None
＃ 过滤异常值,将其变为空值
mean = data['销量'].mean()
＃ 逐个元素判断是否需要插值
for i in data.columns：
    for j in range(len(data))：
        if (data[i].isnull())[j]：  ＃ 如果为空值即插值。
            data[i][j] = mean
data.to_excel(outputfile)    ＃ 输出结果,写入文件
```

在程序运行后,对比插值前后的数据如表2-7所示(摘取部分数据)。

表2-7　插值前后数据的对比(均值插补法)

日期	销量(原值)	销量(插补后的值)
2015/3/1	51	2 744.6
2015/2/14		2 744.6

异常值检测发现,2015年3月1日的数据是异常值(数据小于400),所以把该数据定义为缺失值,2015年2月14日也为缺失值,两者都用均值进行插补。

2) 拉格朗日插值法

根据数学知识可知,对于空间上已知的 n 个点(无两点在一条直线上)可以找到一个 $n-1$ 次多项式 $y = a_0 + a_1 x + a_2 x^2 + \cdots + a_{n-1} x^{n-1}$,使此多项式曲线过这 n 个点。

首先,需要求过 n 个点的 $n-1$ 次多项式

$$y = a_0 + a_1 x + a_2 x^2 + \cdots + a_{n-1} x^{n-1} \tag{2-1}$$

将 n 个点的坐标 (x_1, y_1), (x_2, y_2), $\cdots$, (x_n, y_n) 带入多项式函数,得

$$\begin{cases} y_1 = a_0 + a_1 x_1 + a_2 x_1^2 + \cdots + a_{n-1} x_1^{n-1} \\ y_2 = a_0 + a_1 x_2 + a_2 x_2^2 + \cdots + a_{n-1} x_2^{n-1} \\ \cdots\cdots \\ y_n = a_0 + a_1 x_n + a_2 x_n^2 + \cdots + a_{n-1} x_n^{n-1} \end{cases} \tag{2-2}$$

拉格朗日插值多项式为

$$y = y_1 \frac{(x-x_2)(x-x_3)\cdots(x-x_n)}{(x_1-x_2)(x_1-x_3)\cdots(x_1-x_n)} + y_2 \frac{(x-x_1)(x-x_3)\cdots(x-x_n)}{(x_2-x_1)(x_2-x_3)\cdots(x_2-x_n)} + \cdots\cdots +$$

$$y_n \frac{(x-x_1)(x-x_2)\cdots(x-x_{n-1})}{(x_n-x_1)(x_n-x_2)\cdots(x_n-x_{n-1})} = \sum_{i=1}^{n} y_i \left(\prod_{i=1, j\neq i}^{n} \frac{x-x_i}{x_i-x_j} \right) \tag{2-3}$$

然后,将缺失函数值对应点的 x 带入插值多项式,得到缺失值的近似值 $L(x)$。

【实例2-9】拉格朗日插值法。

首先,对餐饮系统销售数据进行异常值判断,将异常值变为空值,然后,用拉格朗日插值法对空值进行插补,使用缺失值前后各5个未缺失的数据参与建模,代码如下所示:

```python
import pandas as pd    # 导入数据分析库 Pandas
from scipy. interpolate import lagrange    # 导入拉格朗日插值函数
inputfile = './ data4/ catering_sale. xls'    # 销量数据路径
outputfile = './ tmp/ sales. xls'    # 输出数据路径
data = pd. read_excel(inputfile)    # 读入数据
data[u'销量'][(data[u'销量'] < 400) | (data[u'销量'] > 5000)] = None
# 过滤异常值,将其变为空值
# 自定义列向量插值函数
# s 为列向量,n 为被插值的位置,k 为取前后的数据个数,默认为 5
def ployinterp_column(s, n, k=5):
    y = s[list(range(n-k, n)) + list(range(n+1, n+1+k))]    # 取数
    y = y[y. notnull()]    # 剔除空值
    return lagrange(y. index, list(y))(n)    # 插值并返回插值结果
# 逐个元素判断是否需要插值
for i in data. columns:
    for j in range(len(data)):
        if (data[i]. isnull())[j]:    # 如果为空值即插值。
            data[i][j] = ployinterp_column(data[i], j)
data. to_excel(outputfile)    # 输出结果,写入文件
```

程序运行后,对比插值前后的数据如表2-8所示(摘取部分数据)。

表2-8　插值前后数据的对比(拉格朗日插值法)

日期	销量(原值)	销量(插补后的值)
2015/2/21	6 607.4	4 275.3
2015/2/14		4 156.9

异常值检测发现,2015 年 2 月 21 日的数据是异常值(数据大于 5 000),所以把该数据定义为缺失值,2015 年 2 月 14 日也为缺失值,两者都用拉格朗日插值法进行插补,结果分别为 4 275.3 和 4 156.9。这两天为周末,而周末的销售额一般要比周一到周五多,所以插值结果符合实际情况。

2. 异常值处理

在数据处理时,异常值是否剔除需视具体情况而定,因为有些异常值可能是有用的信

息,异常值处理的常用方法如表 2-9 所示。

表 2-9 异常值处理的常用方法

异常值处理方法	方 法 描 述
删除含有异常值的记录	直接将含有异常值的记录删除
视为缺失值	将异常值视为缺失值,利用缺失值处理的方法进行
平均值修正	可用前后两个观测值的平均值修正该异常值
不处理	直接在具有异常值的数据集上进行挖掘建模

将含有异常值的记录直接删除,这种方法简单易行,但缺点也很明显,因为在观测值较少的情况下,直接删除会造成样本量不足,可能会改变变量的原有分布,从而造成结果不准确。

很多情况下,要先分析异常值出现的可能原因,再判断异常值是否应该舍弃。如果是正确的数据,可以直接在具有异常值的数据集上进行挖掘建模。

3. 重复值处理

重复值是指部分数据重复出现,从而造成数据挖掘结果的不准确。重复值处理较为简单,直接取出即可。

【实例 2-10】去除重复值。

构造一个 DataFrame,其中部分数据重复,使用 drop_duplicates()函数去除,代码如下所示:

```python
import pandas as pd
df = pd.DataFrame({'A':[1,1,2,2],'B':[3,3,4,4]})
print(df)
df.drop_duplicates()
```

运行结果如下:

```
In [4]: print(df)
   A  B
0  1  3
1  1  3
2  2  4
3  2  4
In [5]:
df.drop_duplicates()
Out[5]:
   A  B
0  1  3
2  2  4
```

此外,还可以根据需要去除一些无关的列变量,因为它们对数据分析不起作用,也就是冗余数据。例如,在进行用户评论分析时,用户 ID 即为冗余信息。可以利用 drop()函数直接删除某列。执行代码如下：

```
import pandas as pd
df = pd.DataFrame({'A':[1,1,2,2],'B':[3,3,4,4]})
print(df)
df.drop('B', axis=1)
```

运行结果如下：

```
   A
0  1
1  1
2  2
3  2
```

2.4 数据特征分析

在完成数据清洗之后，需要对数据集进行深入了解，检验属性间的相互关系，确定观察对象感兴趣的子集，本节将通过绘制图表、计算某些特征量的方法，并对数据特征进行分析。

2.4.1 统计量分析

用统计指标对定量数据进行统计描述，常从集中趋势和离中趋势两个方面进行分析。

1. 集中趋势分析

给定一个数值型数据集合，很多时候需要给出这个集合中数据集中程度的概要信息。数据集中趋势是指这组数据向某一中心值靠拢的程度，它反映了一组数据中心点的位置所在。在中心点附近的数据数量较多，而在远离中心点的位置数据数量较少。对数据的集中趋势进行描述就是寻找数据的中心值或代表值。这个概要信息可用来代表集合中所有的数据，并能刻画它们共同的特点。因此用概要信息来表达整个数据集合具有更高的效率。下面介绍几种常用的表示数据集中趋势的度量。

1) 均值

均值又叫算术平均数，是我们最早接触的一个概要性信息，也是概括一个数值型数据集合简单而又实用的指标。虽然简单，但其在数据分析与挖掘过程中的应用还是很广泛的。例如知道了几个班级考试成绩的算术平均数，那就可以大致了解各个班级的学习情况。

如果求 n 个原始观察数据的平均数，计算公式为

$$\text{mean}(x) = \bar{x} = \frac{\sum x_i}{n} \tag{2-4}$$

有时，为了反映在均值中不同成分的重要程度，为数据集中的每一个 x_i 赋予权重 w_i，这就得到了式(2-5)所示的加权均值的计算公式。

$$\text{mean}(x) = \bar{x} = \frac{\sum w_i x_i}{\sum w_i} = \frac{w_1 x_1 + w_2 x_2 + \cdots + w_n x_n}{w_1 + w_2 + \cdots + w_n} \tag{2-5}$$

作为一个统计量,均值的缺点也很明显,容易受到集合中极端值或离群点的影响。例如某个班级里面有少数同学的成绩过低,拉低了平均分,从而造成班级整体成绩不好的"假象",因此还需要引入更多的量来描述数据集中趋势的度量。

2) 中位数

在一个数据集合中,中位数是按一定顺序排列后处于中间位置的数据,它是唯一的。中位数由位置确定,是典型的位置平均数。

假设数据集合{X}中有 n 个数,把这些数从小到大排列,当 n 为奇数时,中位数是 $x_{(\frac{n+1}{2})}$;当 n 为偶数时,中位数是 $\frac{1}{2}(x_{(\frac{n}{2})} + x_{(\frac{n+1}{2})})$。

中位数比算术平均数对于离群点的敏感性要低。当数据集合的分布呈现偏斜的时候,采用中位数作为集中趋势的度量更加有效。

3) 众数

数据呈现多峰分布的时候,中位数也不能有效地描述集中趋势,这时可以采用众数,也就是在集合中出现最多的数据。众数还可以用于分类数据。

当数据的数量较大并且集中趋势比较明显的时候,众数更适合作为描述数据代表性水平的度量。有的数据无众数或有多个众数。

2. 离中趋势分析

与描述数据集中趋势的度量相反,数据离中趋势是指在一个数据集合中各个数据偏离中心点的程度,是对数据间的差异状况进行描述分析。

1) 极差

$$极差 = 最大值 - 最小值$$

极差对数据集的极端值非常敏感,并且忽略了位于最大值与最小值之间的数据是如何分布的。

2) 标准差

标准差用来度量数据偏离均值的程度,计算公式为

$$s = \sqrt{\frac{\sum (x_i - \overline{x})^2}{n}} \tag{2-6}$$

3) 变异系数

变异系数用来度量标准差相对于均值的离中趋势,计算公式为

$$CV = \frac{s}{\overline{x}} \times 100\% \tag{2-7}$$

变异系数主要用来比较两个或多个具有不同单位或不同波动幅度的数据集的离中趋势。

4) 四分位数间距

四分位数包括上四分位数和下四分位数。将所有数值由小到大排列并分成 4 等份,处于第一个分割点位置的数值是下四分位数,处于第二个分割点位置(中间位置)的数值是中位数,处于第三个分割点位置的数值是上四分位数。

四分位数间距是指上四分位数 Q_U 与下四分位数 Q_L 之差,其间包含了全部观察值的一半。其值越大,说明数据的变异程度越大;反之,说明变异程度越小。

【实例2-11】餐饮销量数据统计量分析。

前面已经提过,describe()函数已经可以给出一些基本的统计量,根据给出的统计量,可以衍生出我们所需要的统计量。针对餐饮销量数据进行统计量分析,代码如下所示:

```
import pandas as pd
catering_sale = '../data3/catering_sale.xls'    #餐饮数据
data = pd.read_excel(catering_sale, index_col='日期')
data = data[(data['销量']>400)&(data['销量']<5000)]    #过滤异常值
statistics = data.describe()
statistics.loc['range'] = statistics.loc['max']-statistics.loc['min']    #极差
statistics.loc['var'] = statistics.loc['std']/statistics.loc['mean']    #变异系数
statistics.loc['dis'] = statistics.loc['75%']-statistics.loc['25%']    #四分位数间距
print(statistics)
```

程序运行结果如下:

```
count    195.000000
mean    2744.595385
std      424.739407
min      865.000000
25%     2460.600000
50%     2655.900000
75%     3023.200000
max     4065.200000
range   3200.200000
var        0.154755
dis      562.600000
```

2.4.2　分布分析

分布分析能揭示数据的分布特征和分布类型。对于定量数据,要想了解其分布形式是对称的还是非对称的、发现某些特大或特小的可疑值,可做出频率分布表、频率分布直方图、茎叶图等进行直观分析;对于定性数据,可用饼图和条形图直观地显示其分布情况。

1. 定量数据的分布分析

对于定量变量而言,选择"组数"和"组宽"是做频率分布图时最主要的问题,一般按照以下步骤进行。

第一步:求极差。

第二步:决定组距与组数。

第三步:决定分点。

第四步:列出频率分布表。

第五步:绘制频率分布直方图。直方图遵循的主要原则如下所示。

(1) 各组之间必须是相互排斥的。

(2) 各组必须将所有的数据包含在内。

(3) 各组的组宽最好相等。

下面结合具体事例来运用分布分析对定量数据进行特征分析。

【实例2-12】某小微企业收入数据的统计量分析。

表2-10是某小微企业在2014年第二季度的销售数据,绘制销售量的频率分布图,对该定量数据做出相应的分析。

表2-10 某小微企业日销售额

日期	销售额/元	日期	销售额/元	日期	销售额/元
2014/4/1	420	2014/5/1	1 770	2014/6/1	3 960
2014/4/2	900	2014/5/2	135	2014/6/2	1 770
2014/4/3	1 290	2014/5/3	177	2014/6/3	3 570
2014/4/4	420	2014/5/4	45	2014/6/4	2 220
…	…	…	…	…	…

1) 求极差

$$极差 = 最大值 - 最小值 = 3\,960 - 45 = 3\,915$$

2) 分组

这里根据业务数据的含义,可取组距为500,则组数为8组。

$$组数 = 极差 / 组距 = 3\,915/500 = 7.83 \approx 8$$

3) 决定分点

由以上分析可知,分布区间为$[0, 500)$、$[500, 1\,000)$、$[1\,000, 1\,500)$、$[1\,500, 2\,000)$、$[2\,000, 2\,500)$、$[2\,500, 3\,000)$、$[3\,000, 3\,500)$、$[3\,500, 4\,000)$。

4) 求出频率分布直方表

根据分组区间,统计第二季度销售数据在每个组段中出现的次数即频数,再用频数除以总天数,可以得到相应的频率。例如,销售额在$[0,500)$区间的共有28天,即频数为28,频率为31%。

5) 绘制频率分布直方图

以第二季度每天的销售额组段为横轴,以各组段的频率密度(频率与组距之比)为纵轴,可以绘制出频率分布直方图。

以上内容的代码如下所示:

```
import pandas as pd
import numpy as np
catering_sale = '../data/catering_fish_congee.xls'    # 销售数据
```

```
data = pd. read_excel(catering_sale,names=['date','sale'])   # 读取数据
bins = [0,500,1000,1500,2000,2500,3000,3500,4000]
labels = ['[0,500)','[500,1000)','[1000,1500)',\
'[1500,2000)','[2000,2500)','[2500,3000)','[3000,3500)','[3500,4000)']
data['sale 分层'] = pd. cut(data. sale, bins, labels=labels)
aggResult = data. groupby(by=['sale 分层'])['sale']. agg([('sale', np. size)])
pAggResult = round(aggResult/aggResult. sum(), 2, ) * 100
import matplotlib. pyplot as plt
plt. figure(figsize=(10,6))    # 设置图框大小尺寸
pAggResult['sale']. plot(kind='bar',width=0. 8,fontsize=10)    # 绘制频率直
方图
plt. rcParams['font. sans-serif'] = ['SimHei']    # 用来正常显示中文标签
plt. title('季度销售额频率分布直方图',fontsize=20)
```

运行后得到的季度销售额频率分布直方图,如图 2-7 所示。

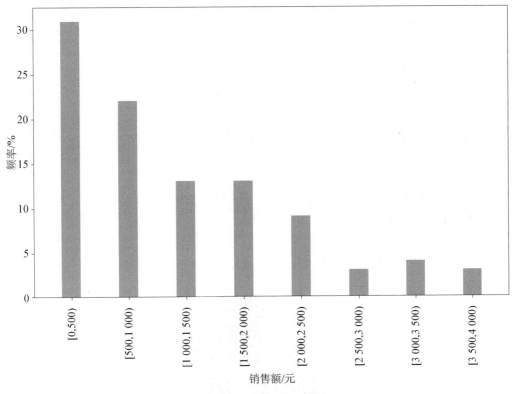

图 2-7 季度销售额频率分布直方图

2. 定性数据的分布分析

对于定性数据,常常根据变量的分类类型来分组,可以采用饼图和条形图来描述定性

变量的分布。

【实例2-13】某餐饮数据定性分析。

代码如下所示：

```python
import pandas as pd
import matplotlib.pyplot as plt
catering_dish_profit = '../data/catering_dish_profit.xls'    ＃ 餐饮数据
data = pd.read_excel(catering_dish_profit)    ＃ 读取数据
＃ 绘制饼图
x = data['盈利']
labels = data['菜品名']
plt.figure(figsize = (8,6))    ＃ 设置画布大小
plt.pie(x,labels=labels)    ＃ 绘制饼图
plt.rcParams['font.sans-serif'] = 'SimHei'
plt.title('菜品销售量分布(饼图)')    ＃ 设置标题
plt.axis('equal')
plt.show()
＃ 绘制条形图
x = data['菜品名']
y = data['盈利']
plt.figure(figsize = (8,4))    ＃ 设置画布大小
plt.bar(x,y)
plt.rcParams['font.sans-serif'] = 'SimHei'
plt.xlabel('菜品')    ＃ 设置x轴标题
plt.ylabel('销量')    ＃ 设置y轴标题
plt.title('菜品销售量分布(条形图)')    ＃ 设置标题
plt.show()    ＃ 展示图片
```

运行结果如图2-8、图2-9所示。

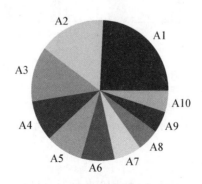

图2-8 菜品销售量分布饼图

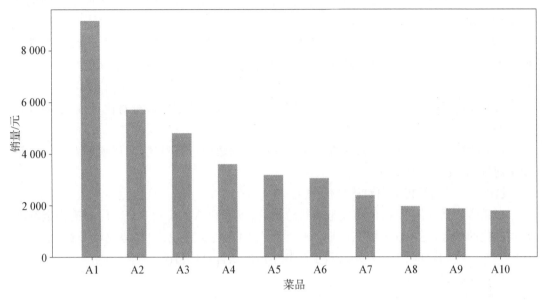

图 2-9　菜品销售量分布条形图

饼图的每一个扇形部分代表每一类型的所占百分比或频数,根据定性变量的类型数目将饼图分成几个部分,每一部分的大小与每一类型的频数成正比;条形图的高度代表每一类型的百分比或频数,条形图的宽度没有意义。

2.4.3　对比分析

对比分析是把两个相互联系的指标进行比较,从数量上展示和说明研究对象规模的大小、水平的高低、速度的快慢以及各种关系是否协调。特别适用于指标间的横纵向比较、时间序列的比较分析。在对比分析中,选择合适的对比标准十分关键,合适的标准可以做出客观评价,不合适的标准可能导致错误的结论。

对比分析主要有以下两种形式。

1. 绝对数比较

绝对数比较是指利用绝对数进行对比,从而寻找差异的一种方法。

2. 相对数比较

相对数比较是由两个有联系的指标对比计算的,是用以反映客观现象之间数量联系程度的综合指标,其数值表现为相对数。由于研究目的和对比基础不同,相对数可以分为以下 6 种。

(1) 结构相对数:将同一总体内的部分数值与全部数值进行对比求得比重,用以说明事物的性质、结构或质量,如居民食品支出额占消费支出总额的比重、产品合格率等。

(2) 比例相对数:将同一总体内不同部分的数值进行对比,表明总体内各部分的比例关系,如人口性别比例、投资与消费比例等。

(3) 比较相对数:将同一时期两个性质相同的指标数值进行对比,说明同类现象在不同空间条件下的数量对比关系,如不同地区的商品价格对比,不同行业、不同企业间的某项指标对比等。

(4)强度相对数:将两个性质不同但有一定联系的总量指标进行对比,用以说明现象的强度、密度和普遍程度,如人均国内生产总值用"元/人"表示,人口密度用"人/平方公里"表示。

(5)计划完成程度相对数:将某一时期实际完成数与计划数进行对比,用以说明计划完成程度。

(6)动态相对数:将同一现象在不同时期的指标数值进行对比,用以说明发展方向和变化速度,如发展速度、增长速度等。

【实例2-14】销售数据对比分析。

以销售数据为例,从时间维度上进行分析,可以看到A、B、C 3个部门的销售金额随时间变化的趋势,还可以了解在此期间哪个部门的销售金额较高、趋势比较平稳,也可以从单一部门(以B部门为例)做分析,了解各年份的销售对比情况。

程序代码如下:

```
#部门之间销售金额比较
import pandas as pd
import matplotlib. pyplot as plt
data=pd. read_excel(".. / data/ dish_sale. xls")
plt. figure(figsize=(8, 4))
plt. plot(data['月份'], data['A 部门'], color = 'green', label = 'A 部门',
marker='o')
plt. plot(data['月份'], data['2012 年'], color = 'green', label = '2012 年',
marker='o')
plt. plot(data['月份'], data['2013 年'], color= 'red', label= '2013 年',marker
= 's')
plt. plot(data['月份'], data['2014 年'],  color= 'skyblue', label= '2014 年',
marker= 'x')
plt. legend() # 显示图例
plt. ylabel( '销售额(万元)')
plt. show()
plt. plot(data['月份'], data['B 部门'], color= 'red', label= 'B 部门',marker=
's')
plt. plot(data['月份'], data['C 部门'],  color= 'skyblue', label= 'C 部门',
marker= 'x')
plt. legend() # 显示图例
plt. ylabel( '销售额(万元)')
```

```
plt. show()
♯ B部门各年份之间销售金额的比较
data＝pd. read_excel("../ data/ dish_sale_b. xls")
plt. figure(figsize＝(8，4))
```

运行结果如图 2-10、图 2-11 所示。

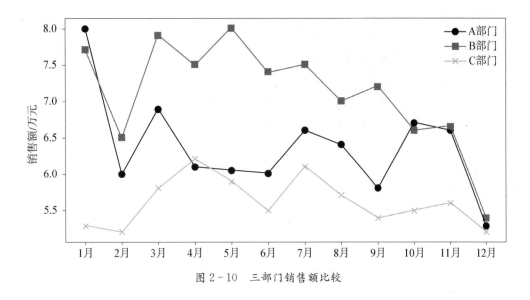

图 2-10 三部门销售额比较

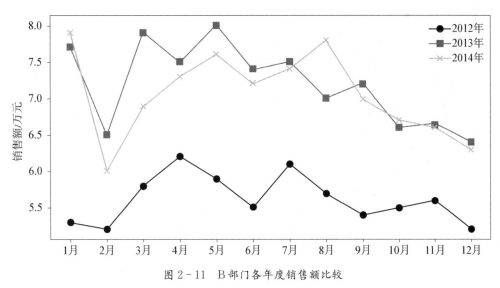

图 2-11 B部门各年度销售额比较

2.4.4 周期性分析

周期性分析是探索某个变量是否随着时间的变化而呈现出某种周期变化趋势。时间尺度相对较长的周期性趋势有年度周期性趋势、季节性周期性趋势；时间尺度相对较短的有月度周期性趋势、周度周期性趋势，甚至更短的天、小时等。

【实例2-15】用电量周期性分析。

例如，对正常用户和窃电用户在2020年2月份与3月份的用电量进行预测，可以分别分析正常用户和窃电用户的日用电量时序图，来直观估计其用电量变化趋势，程序代码如下所示：

```python
import pandas as pd
import matplotlib. pyplot as plt
# 正常用户用电趋势分析
df_normal = pd. read_csv("../data/user. csv")
plt. figure(figsize=(8,4))
plt. plot(df_normal["Date"],df_normal["Eletricity"])
plt. xlabel("日期")
plt. ylabel("每日电量")
# 设置x轴刻度间隔
x_major_locator = plt. MultipleLocator(7)
ax = plt. gca()
ax. xaxis. set_major_locator(x_major_locator)
plt. title("正常用户电量趋势")
plt. rcParams['font. sans-serif'] = ['SimHei']   # 用来正常显示中文标签
plt. show()   # 展示图片
# 窃电用户用电趋势分析
df_steal = pd. read_csv("../data/Steal user. csv")
plt. figure(figsize=(10, 9))
plt. plot(df_steal["Date"],df_steal["Eletricity"])
plt. xlabel("日期")
plt. ylabel("每日电量")
# 设置x轴刻度间隔
x_major_locator = plt. MultipleLocator(7)
ax = plt. gca()
ax. xaxis. set_major_locator(x_major_locator)
plt. title("窃电用户电量趋势")
plt. rcParams['font. sans-serif'] = ['SimHei']   # 用来正常显示中文标签
plt. show()   # 展示图片
```

程序运行结果如图2-12、图2-13所示。

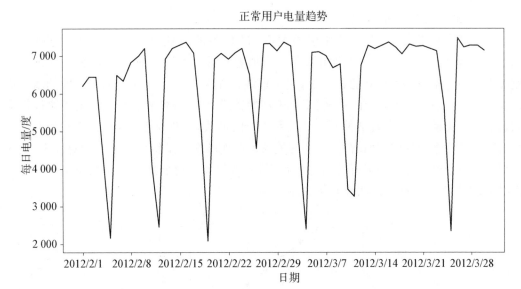

图 2-12 正常用户用电量时序图

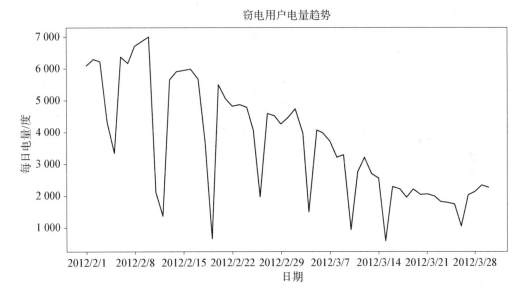

图 2-13 窃电用户用电量时序图

总体来看,正常用户和窃电用户在2020年2月份与3月份日用电量呈现出周期性,以周为周期,因为周末不上班,所以周末用电量较低。正常用户工作日和非工作日的用电量比较平稳,没有太大的波动。而窃电用户在2020年2月份与3月份日用电量呈现出递减趋势。

2.4.5 相关性分析

相关性分析是指对两个或多个具备相关性的变量元素进行分析,从而衡量两个变量因素的相关密切程度,并用适当的统计指标表示出来的过程。

1. 直接绘制散点图

判断两个变量是否具有线性相关关系,最直观的方法就是直接绘制散点图,如图 2-14 所示。其中,完全正线性相关指一个值随着另一个值的增加而增加,两者的关系完美地落在一条斜率大于 0 的直线上;完全负线性相关指一个值随着另一个值的增加而减少,两者的关系完美地落在一条斜率小于 0 的直线上;非线性相关指两个变量之间没有明显的线性关系,却存在着某种非线性关系,比如:曲线,S 型,Z 型等等;正线性相关指一个值随着另一个值的增加而增加,两者的关系近似地落在一条斜率大于 0 的直线上;负线性相关指一个值随着另一个值的增加而减少,两者的关系近似地落在一条斜率小于 0 的直线上;不相关是指两者之间没有相关性。

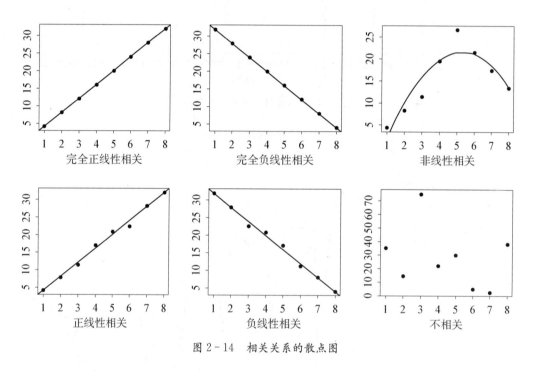

图 2-14   相关关系的散点图

2. 绘制散点图矩阵

需要同时考察多个变量间的相关关系时,一一绘制它们之间的简单散点图十分麻烦,此时可以利用散点图矩阵来同时绘制各变量间的散点图,从而快速发现多个变量间的主要相关性,这在进行多元线性回归时尤为重要。散点图矩阵如图 2-15 所示。

3. 计算相关系数

为了更加准确地描述变量之间的线性相关程度,可以通过相关系数的计算来进行相关分析。在二元变量的相关分析过程中,比较常用的有 Pearson 相关系数、Spearman 秩相关系数和判定系数。

1) Pearson 相关系数

Pearson 相关系数一般用于分析两个连续性变量之间的关系,其计算公式为

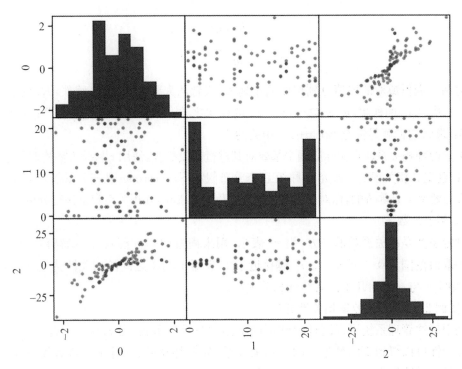

图 2-15 散点图矩阵

$$r = \dfrac{\sum\limits_{i=1}^{n}(x_i - \overline{x})(y_i - \overline{y})}{\sqrt{\sum\limits_{i=1}^{n}(x_i - \overline{x})^2 \sum\limits_{i=1}^{n}(y_i - \overline{y})^2}} \tag{2-8}$$

相关系数 r 的取值范围：$-1 \leqslant r \leqslant 1$。

$$\begin{cases} r > 0 \ \text{为正相关关系}, \\ r < 0 \ \text{为负相关关系}, \\ |r| = 0 \ \text{表示不存在线性关系}, \\ |r| = 1 \ \text{表示完全线性关系}, \\ 0 < |r| < 1 \ \text{表示存在不同程度的线性关系}. \end{cases}$$

$$\begin{cases} |r| \leqslant 0.3 \ \text{为极弱线性相关或不存在线性相关}, \\ 0.3 < |r| \leqslant 0.5 \ \text{为低度线性相关}, \\ 0.5 < |r| \leqslant 0.8 \ \text{为显著线性相关}, \\ |r| > 0.8 \ \text{为高度线性相关}. \end{cases}$$

2）Spearman 秩相关系数

Pearson 线性相关系数要求连续变量的取值服从正态分布，不服从正态分布的变量分类或等级变量之间的关联性可采用 Spearman 秩相关系数（也称为等级相关系数）来描述，其计算公式为

$$r_s = 1 - \frac{6 \sum\limits_{i=2}^{n}(R_i - Q_i)^2}{n(n^2 - 1)} \qquad (2-9)$$

对两个变量成对的取值分别按照从小到大(或者从大到小)的顺序编秩,R_i 代表 x_i 的秩次;Q_i 代表 y_i 的秩次;$R_i - Q_i$ 为 x_i、y_i 的秩次之差。只要两个变量具有严格单调的函数关系,那么它们就是完全 Spearman 相关的。

上述两种相关系数在实际应用中都要对其进行假设检验,使用 t 检验方法检验其显著性水平,以确定其相关程度。研究表明,在正态分布假定下,Spearman 秩相关系数与 Pearson 相关系数在效率上是等价的,而对于连续变量,更适合用 Pearson 相关系数来进行分析。

3)判定系数

判定系数是相关系数的平方,用 r^2 表示,用来衡量回归方程对 y 的解释程度。判定系数的取值范围为 $0 \leqslant r^2 \leqslant 1$。$r^2$ 越接近于 1,表明 x 与 y 之间的相关性越强;r^2 越接近于 0,表明 x 与 y 之间几乎没有线性相关关系。

【实例 2-16】餐饮数据相关性分析。

利用餐饮管理系统可以统计得到不同菜品的日销量数据,分析这些菜品日销售量之间的相关性可以得到不同菜品之间的相关关系,如替补菜品、互补菜品或者没有关系,这可为原材料采购提供参考。具体代码如下:

```python
import pandas as pd
catering_sale = '../data/catering_sale_all.xls'   # 餐饮数据,含有其他属性
data = pd.read_excel(catering_sale, index_col = u'日期')   # 读取数据,指定"日期"列为索引列
print(data.corr())   # 相关系数矩阵,即给出了任意两款菜式之间的相关系数
print(data.corr()[u'百合酱蒸凤爪'])   # 只显示'百合酱蒸凤爪'与其他菜式的相关系数
# 计算"百合酱蒸凤爪"与"翡翠蒸香茜饺"的相关系数
print(data[u'百合酱蒸凤爪'].corr(data[u'翡翠蒸香茜饺']))
```

以上代码给出了 3 种不同形式求相关系数的运算。例如,运行 data.corr()[u'百合酱蒸凤爪']可以得到如下结果:

```
百合酱蒸凤爪      1.000000
翡翠蒸香茜饺      0.009206
金银蒜汁蒸排骨     0.016799
乐膳真味鸡       0.455638
蜜汁焗餐包       0.098085
生炒菜心        0.308496
铁板酸菜豆腐      0.204898
香煎韭菜饺       0.127448
香煎萝卜糕      -0.090276
原汁原味菜心      0.428316
```

结果显示,"百合酱蒸凤爪"与"乐膳真味鸡""原汁原味菜心"等相关性较高,而与"翡翠蒸香茜饺""蜜汁焗餐包"等主食类菜品相关性较低。

2.5 数据集成

数据挖掘需要从不同的数据源中获取数据,数据集成就是将多个数据源合并存放在一个一致的数据存储位置中的过程。在数据集成时,来自多个数据源的现实世界实体表达形式可能不一致,需要考虑实体识别和属性冗余问题,从而将源数据在最底层上加以转换、提炼和集成。

2.5.1 实体识别

实体识别是指从不同数据源识别出现实世界的实体,它的任务是统一不同源数据的矛盾之处,常见的实体识别如下:

1. 同名异义

数据源 A 中的属性 ID 和数据源 B 中的属性 ID 分别描述的是商品编号和订单编号,即描述的是不同的实体。

2. 异名同义

数据源 A 中的 sales_dt 和数据源 B 中的 sales_date 都是描述销售日期的,即 A. sales_dt $=$ B. sales_date。

3. 单位不统一

描述同一个实体时分别用的是国际单位和中国传统的计量单位。

检测和解决这些冲突就是实体识别的任务。

2.5.2 冗余属性识别

数据集成往往导致数据冗余,例如:

(1)同一属性多次出现;

(2)同一属性命名不一致导致重复。

仔细整合不同源数据能减少甚至避免数据冗余与不一致,从而提高数据挖掘的速度和质量。对于冗余属性要先进行分析,检测后再将其删除。

有些冗余属性可以用相关分析检测:给定两个数值型的属性 A 和属性 B,根据其属性值,用相关系数度量一个属性在多大程度上蕴含另一个属性。

2.5.3 数据变换

数据变换主要是对数据进行规范化处理,将数据转换成"适当的"形式,以适用于挖掘任务及算法的需要。

1. 简单函数变换

简单函数变换是对原始数据进行某些数学函数变换,常用的包括平方、开方、取对数、差分运算等等。

简单函数变换常用来将不具有正态分布的数据变换成具有正态分布的数据。在时间序列分析中,有时简单的对数变换或者差分运算就可以将非平稳序列转换成平稳序列。在数据挖掘中,简单函数变换可能更有必要,如个人年收入的取值范围为 10 000 元到 10 亿元,这是一个很大的区间,使用对数变换对其进行压缩是常用的一种变换处理。

2. 规范化

数据标准化(归一化)处理是数据挖掘的一项基础工作。不同评价指标往往具有不同的量纲,数值间的差别可能很大,不进行处理可能会影响数据分析的结果。为了消除指标之间的量纲和取值范围差异的影响,需要进行标准化处理,将数据按照比例进行缩放,使之落入一个特定的区域,便于进行综合分析。如将工资收入属性值映射到 $[-1,1]$ 或者 $[0,1]$ 内。数据规范化对于基于距离的挖掘算法尤为重要。

1) 最小-最大规范化

最小-最大规范化也称为离差标准化,是对原始数据的线性变换,将数值映射到 $[0,1]$ 之间。其转换公式为

$$x^* = \frac{x - \min}{\max - \min} \qquad (2-10)$$

其中,max 为样本数据的最大值,min 为样本数据的最小值,max-min 为极差。离差标准化保留了原来数据中存在的关系,是消除量纲和数据取值范围影响的最简单的方法。这种处理方法的缺点是:若数值集中且某个数值很大则规范化后各值会接近于 0,并且相差不大。若将来遇到超过目前属性 $[\min, \max]$ 取值范围的时候会引起系统出错,需要重新确定 min 和 max。

2) 零-均值规范化

零-均值规范化也叫标准差标准化,经过处理,数据的均值为 0,标准差为 1,其转化公式为

$$x^* = \frac{x - \bar{x}}{\sigma} \qquad (2-11)$$

其中,$\bar{x}$ 为原始数据的均值;σ 为原始数据的标准差;零-均值规范化是当前用得最多的数据标准化方法。

3) 小数定标规范化

通过移动属性值的小数位数,将属性值映射到 $[-1,1]$ 之间,移动的小数位数取决于属性值的绝对值的最大值,其转化公式为

$$x^* = \frac{x}{10^k} \qquad (2-12)$$

对于一个含有 n 个记录 p 个属性的数据集,就分别对每一个属性的取值进行规范化。

【实例 2-17】数据规范化处理。

对原始的数据矩阵分别用最小-最大规范化、零-均值规范化、小数定标规范化进行规范化,对比结果,程序代码如下:

```
import pandas as pd
import numpy as np
datafile = '../data/normalization_data.xls'      # 参数初始化
data = pd.read_excel(datafile, header = None)     # 读取数据
print(data)
(data - data.min()) / (data.max() - data.min())   # 最小-最大规范化
(data - data.mean()) / data.std()      # 零一均值规范化
data / 10 ** np.ceil(np.log10(data.abs().max()))   # 小数定标规范化
```

原始数据为

```
     0    1    2     3
0   78  521  602  2863
1  144 -600 -521  2245
2   95 -457  468 -1283
3   69  596  695  1054
4  190  527  691  2051
5  101  403  470  2487
6  146  413  435  2571
```

最小-最大规范化后的结果为

```
          0         1         2         3
0  0.074380  0.937291  0.923520  1.000000
1  0.619835  0.000000  0.000000  0.850941
2  0.214876  0.119565  0.813322  0.000000
3  0.000000  1.000000  1.000000  0.563676
4  1.000000  0.942308  0.996711  0.804149
5  0.264463  0.838629  0.814967  0.909310
6  0.636364  0.846990  0.786184  0.929571
```

零-均值规范化后的结果为

```
          0         1         2         3
0 -0.905383  0.635863  0.464531  0.798149
1  0.604678 -1.587675 -2.193167  0.369390
2 -0.516428 -1.304030  0.147406 -2.078279
3 -1.111301  0.784628  0.684625 -0.456906
4  1.657146  0.647765  0.675159  0.234796
5 -0.379150  0.401807  0.152139  0.537286
6  0.650438  0.421642  0.069308  0.595564
```

小数定标规范化后的结果为

```
       0      1      2       3
0  0.078  0.521  0.602  0.2863
1  0.144 -0.600 -0.521  0.2245
2  0.095 -0.457  0.468 -0.1283
3  0.069  0.596  0.695  0.1054
4  0.190  0.527  0.691  0.2051
5  0.101  0.403  0.470  0.2487
6  0.146  0.413  0.435  0.2571
```

3. 连续属性离散化

一些数据挖掘算法,特别是某些分类算法,如 ID3 算法、Apriori 算法等,要求数据是分类属性形式,因此,常常需要将连续属性变换成分类属性,即连续属性离散化。

1) 离散化的过程

连续属性离散化就是在数据的取值范围内设定若干个离散的划分点,将取值范围划分为一些离散化的区间,最后用不同的符号或整数值代表落在每个子区间中的数据值,所以,离散化涉及两个子任务:确定分类数以及如何将连续属性值映射到这些分类值。

2) 常用的离散化方法

常用的离散化方法有等宽法、等频法和一维聚类方法。

(1) 等宽法,将属性的值域分成具有相同宽度的区间,区间的个数由数据本身的特点决定或者用户指定,类似于制作频率分布表。

(2) 等频法,将相同数量的记录放进每个区间。

这两种方法简单,易于操作,但都需要人为规定划分区间的个数。同时,等宽法的缺点在于它对离群点比较敏感,倾向于不均匀地把属性值分布到各个区间。有些区间包含许多数据,而另外一些区间的数据极少,这样会严重损坏建立的决策模型。等频法虽然避免了上述问题的产生,却可能将相同的数据分到不同的区间,以满足每个区间中固定的数据个数。

(3) 基于聚类分析的方法,一维聚类方法包括两个步骤:首先将连续属性的值用聚类算法(如 K-Means 算法)进行聚类,然后再将聚类得到的簇进行处理,合并到一个簇的连续属性值做统一标记。聚类分析的离散化方法也需要用户指定簇的个数,从而决定产生的区间数。

【实例 2-18】连续属性离散化。

使用上述 3 种离散化方法对"医学中医证型的相关数据"进行连续属性离散化的对比,程序代码如下:

```python
import pandas as pd
import numpy as np
datafile = '../data/discretization_data.xls'    # 参数初始化
data = pd.read_excel(datafile)   # 读取数据
data = data[u'肝气郁结证型系数'].copy()
k = 4
d1 = pd.cut(data, k, labels = range(k))   # 等宽离散化
# 等频率离散化
w = [1.0 * i/k for i in range(k+1)]
w = data.describe(percentiles = w)[4:4+k+1]    # 使用 describe 函数计算分位数
d2 = pd.cut(data, w, labels = range(k))
```

```
from sklearn. cluster import KMeans    ♯ 引入 KMeans
kmodel = KMeans(n_clusters = k, n_jobs = 4)    ♯ 建立模型,n_jobs 是并
行数
kmodel. fit(np. array(data). reshape((len(data), 1)))    ♯ 训练模型
c = pd. DataFrame(kmodel. cluster_centers_). sort_values(0)    ♯ 输出聚类中
心,并且排序(默认是随机序的)
w = c. rolling(2). mean()    ♯ 相邻两项求中点,作为边界点
w = w. dropna()
w = [0] + list(w[0]) + [data. max()]    ♯ 把首末边界点加上
d3 = pd. cut(data, w, labels = range(k))
def cluster_plot(d,k):  ♯ 自定义作图函数来显示聚类结果
    import matplotlib. pyplot as plt
    plt. rcParams['font. sans-serif'] = ['SimHei']    ♯ 用来正常显示中文标签
    plt. rcParams['axes. unicode_minus'] = False    ♯ 用来正常显示负号
    plt. figure(figsize = (8, 3))
    for j in range(0, k):
        plt. plot(data[d==j], [j for i in d[d==j]],'o')
    plt. ylim(- 0. 5, k— 0. 5)
    return plt
cluster_plot(d1, k). show()
cluster_plot(d2, k). show()
cluster_plot(d3, k). show()
```

运行结果如图 2-16～图 2-18 所示。

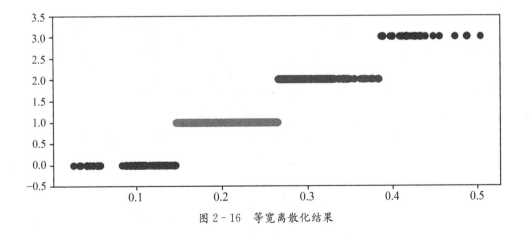

图 2-16 等宽离散化结果

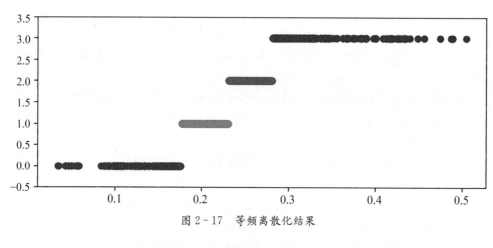

图 2-17　等频离散化结果

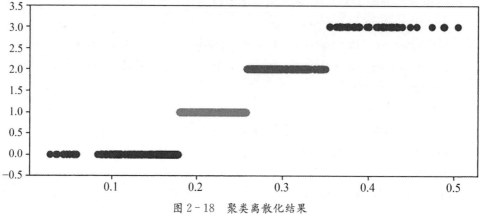

图 2-18　聚类离散化结果

分别用等宽法、等频法和聚类法对数据进行离散化,将数据分为 4 类,然后将每一类记为同一个标识,再进行建模。

2.5.4　属性构造

在数据挖掘过程中,为了帮助用户提取更有用的信息,挖掘更深层次的模式,提高挖掘结果的精度,需要利用已有的属性集构造出新的属性,并加入现有的属性集合中。

例如,进行防窃漏电诊断建模时,已有的属性包括供入电量、供出电量(线路上各大用户用电量之和)。理论上供入电量和供出电量应该是相等的,但是由于在传输过程中存在电能损耗,使得供入电量略大于供出电量,如果该条线路上的一个或多个大用户存在窃漏电行为,会使得供入电量明显大于供出电量。反过来,为了判断是否有大用户存在窃漏电行为,可以构造一个新的指标——线损率,该过程就是属性构造。新构造的属性线损率公式为

$$线损率 = \frac{供入电量 - 供出电量}{供入电量} \times 100\%。$$

线损率的正常范围一般为 $3\%\sim15\%$,如果远远超过该范围,那么就可以认为这条线

路的大用户很可能存在窃漏电等异常用电行为。

根据线损率的计算公式,由供入电量、供出电量进行线损率的属性构造,程序代码如下:

```
import pandas as pd
# 参数初始化
inputfile= '.. / data/ electricity_data. xls'   # 供入供出电量数据
outputfile = '.. / tmp/ electricity_data. xls'   # 属性构造后数据文件
data = pd. read_excel(inputfile)   # 读入数据
data[u'线损率'] = (data[u'供入电量'] − data[u'供出电量']) / data[u'供入电量']
data. to_excel(outputfile, index = False)   # 保存结果
```

2.6 数据规约

在大数据集上进行复杂的数据分析和挖掘需要很长时间。数据归约产生更小且保持原数据完整性的新数据集,在归约后的数据集上进行分析和挖掘将提高效率。

数据归约的意义在于:

(1) 降低无效、错误的数据对建模的影响,提高建模的准确性。

(2) 少量且具有代表性的数据将大幅缩减数据挖掘所需的时间。

(3) 降低存储数据的成本。

2.6.1 属性归约

属性归约通过属性合并创建新属性维数,或者通过直接删除不相关的属性(维)来减少数据维数,从而提高数据挖掘的效率,降低计算成本。属性归约的目标是寻找最小的属性子集并确保新数据子集的概率分布尽可能接近原来数据集的概率分布。在属性归约常用的方法中,逐步向前选择、逐步向后删除和决策树归纳是属于直接删除不相关属性(维)的方法;而主成分分析是一种用于连续属性的数据降维方法。

1. 合并属性

将一些旧属性合并为新属性。

初始属性集:$\{A_1, A_2, A_3, A_4, B_1, B_2, B_3, C\}$

$\{A_1, A_2, A_3, A_4\} \rightarrow A;$

$\{B_1, B_2, B_3\} \rightarrow B,$

$\Rightarrow$规约后属性集:$\{A, B, C\}$

2. 逐步向前选择

从一个空属性集开始,每次从原来属性集合中选择一个当前最优的属性添加到当前属性子集中,直到无法选出最优属性或满足一定阈值约束为止。

初始属性集:$\{A_1, A_2, A_3, A_4, A_5, A_6\}$

$\{ \} \Rightarrow \{A_1\} \Rightarrow \{A_1, A_4\}$

$\Rightarrow$规约后属性集:$\{A_1, A_4, A_6\}$

3. 逐步向后删除

从一个全属性集开始,每次从当前属性子集中选择一个当前最差的属性,将其从子集中消去,直到无法选出最差属性为止,或满足一定阈值约束为止。

初始属性集:$\{A_1, A_2, A_3, A_4, A_5, A_6\}$

$\Rightarrow \{A_1, A_3, A_4, A_5, A_6\}$

$\Rightarrow \{A_1, A_4, A_5, A_6\}$

$\Rightarrow$规约后属性集:$\{A_1, A_4, A_6\}$

4. 决策树归纳

利用决策树的归纳方法对初始数据进行分类归纳学习,获得一个初始决策树,所有没有出现在这个决策树上的属性均可被认为是无关属性,因此将这些属性从初始集合中删除,就可以获得一个较优的属性子集(见图2-19)。

初始属性集:$\{A_1, A_2, A_3, A_4, A_5, A_6\}$

$\Rightarrow$规约后属性集:$\{A_1, A_4, A_6\}$

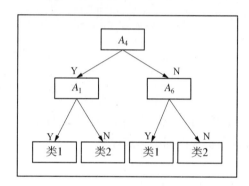

图2-19 决策树

5. 主成分分析

主成分分析构造了原始数据的一个正交变换,新空间的基底去除了原始空间基底下数据的相关性,只需使用少数新变量就能够解释原始数据中的大部分变异。在应用中,通常选出比原始变量个数少,并能解释大部分数据中变量的几个新变量,即所谓主成分,用来代替原始变量进行建模。

主成分分析的计算步骤如下:

(1) 设原始变量 $X_1, X_2, \cdots, X_p$ 的 n 次观测数据矩阵为

$$\boldsymbol{X} = \begin{bmatrix} x_{11} & x_{12} & \cdots & x_{1p} \\ x_{21} & x_{22} & \cdots & x_{2p} \\ \vdots & \vdots & \vdots & \vdots \\ x_{n1} & x_{n2} & \cdots & x_{np} \end{bmatrix} \quad (2-13)$$

(2) 将数据矩阵按列进行中心标准化。为了方便,将标准化后的数据矩阵仍然记为 $\boldsymbol{X}$。

(3) 求相关系数矩阵 $\boldsymbol{R}, \boldsymbol{R} = (r_{ij})_{p \times p}, r_{ij}$ 定义为

$$r_{ij} = \sum_{k=1}^n (x_{ki} - \overline{x}_i)(x_{kj} - \overline{x}_j) \Big/ \sqrt{\sum_{k=1}^n (x_{ki} - \overline{x}_i)^2 (x_{kj} - \overline{x}_j)^2} \quad (2-14)$$

其中,$r_{ij} = r_{ji}$; $r_{ii} = 1$。

(4) 求 $\boldsymbol{R}$ 的特征方程 $\det(\boldsymbol{R} - \lambda \boldsymbol{E}) = 0$ 的特征根 $\lambda_1 \geqslant \lambda_2 \geqslant \cdots \geqslant \lambda_p \geqslant 0$。

（5）确定主成分个数 $m:\dfrac{\sum\limits_{i=1}^{m}\lambda_i}{\sum\limits_{i=1}^{p}\lambda_i}\geqslant \alpha$，$\alpha$ 根据实际问题来确定值，一般取 80%。

（6）计算 m 个相应的单位特征向量，如

$$\boldsymbol{\beta}_1=\begin{bmatrix}\beta_{11}\\\beta_{21}\\\cdots\\\beta_{p1}\end{bmatrix},\ \boldsymbol{\beta}_2=\begin{bmatrix}\beta_{12}\\\beta_{22}\\\cdots\\\beta_{p2}\end{bmatrix},\ \cdots,\ \boldsymbol{\beta}_m=\begin{bmatrix}\beta_{1m}\\\beta_{2m}\\\cdots\\\beta_{pm}\end{bmatrix} \quad (2-15)$$

（7）计算主成分，如

$$Z_i=\beta_{1i}X_1+\beta_{2i}X_2+\cdots+\beta_{pi}X_p(i=1,2,\cdots,m) \quad (2-16)$$

【实例 2-19】主成分分析法降维。

对数据采用主成分分析法降维，程序代码如下：

```
import pandas as pd
# 参数初始化
inputfile = '../data/principal_component.xls'
outputfile = '../tmp/dimention_reduced.xls'    # 降维后的数据
data = pd.read_excel(inputfile, header = None)    # 读入数据
from sklearn.decomposition import PCA
pca = PCA()
pca.fit(data)    #.fit 就是一个训练过程
pca.components_    # 返回模型的各个特征向量
pca.explained_variance_ratio_    # 返回各个成分各自的方差百分比
```

运行结果如下：

```
In [5]: pca.components_ # 返回模型的各个特征向量
Out[5]:
array([[ 0.56788461,  0.2280431 ,  0.23281436,  0.22427336,  0.3358618 ,
         0.43679539,  0.03861081,  0.46466998],
       [ 0.64801531,  0.24732373, -0.17085432, -0.2089819 , -0.36050922,
        -0.55908747,  0.00186891,  0.05910423],
       [-0.45139763,  0.23802089, -0.17685792, -0.11843804, -0.05173347,
        -0.20091919, -0.00124421,  0.80699041],
       [-0.19404741,  0.9021939 , -0.00730164, -0.01424541,  0.03106289,
         0.12563004,  0.11152105, -0.3448924 ],
       [-0.06133747, -0.03383817,  0.12652433,  0.64325682, -0.3896425 ,
        -0.10681901,  0.63233277,  0.04720838],
       [ 0.02579655, -0.06678747,  0.12816343, -0.57023937, -0.52642373,
         0.52280144,  0.31167833,  0.0754221 ],
       [-0.03800378,  0.09520111,  0.15593386,  0.34300352, -0.56640021,
         0.18985251, -0.69902952,  0.04505823],
       [-0.10147399,  0.03937889,  0.91023327, -0.18760016,  0.06193777,
        -0.34598258, -0.02090066,  0.02137393]])
```

```
In [6]: pca.explained_variance_ratio_   # 返回各个成分各自的方差百分比
Out[6]:
array([7.74011263e-01, 1.56949443e-01, 4.27594216e-02, 2.40659228e-02,
       1.50278048e-03, 4.10990447e-04, 2.07718405e-04, 9.24594471e-05])
```

从上面的结果可以得到特征方程 $\det(\boldsymbol{R}-\lambda\boldsymbol{E})=0$ 有 8 个特征根,对应 8 个单位特征向量及各个成分各自的方差百分比(也叫贡献率)。其中方差百分比越大说明向量的权重越大。

当前选取前 3 个主成分时,累计贡献率已达到 97.38%,说明选取前 3 个主成分计算已可以满足要求,因此重新建立 PCA 模型,设置 n_components = 3,计算出成分结果,程序代码如下:

```
pca = PCA(3)
pca.fit(data)
low_d = pca.transform(data)
# 用它来降低维度,transform 是 sklearn 实际进行投影
pd.DataFrame(low_d).to_excel(outputfile)        # 保存结果
print(low_d)       # 显示结果
```

运行结果如下:

```
In [8]: low_d
Out[8]:
array([[  8.19133694,  16.90402785,   3.90991029],
       [  0.28527403,  -6.48074989,  -4.62870368],
       [-23.70739074,  -2.85245701,  -0.4965231 ],
       [-14.43202637,   2.29917325,  -1.50272151],
       [  5.4304568 ,  10.00704077,   9.52086923],
       [ 24.15955898,  -9.36428589,   0.72657857],
       [ -3.66134607,  -7.60198615,  -2.36439873],
       [ 13.96761214,  13.89123979,  -6.44917778],
       [ 40.88093588, -13.25685287,   4.16539368],
       [ -1.74887665,  -4.23112299,  -0.58980995],
       [-21.94321959,  -2.36645883,   1.33203832],
       [-36.70868069,  -6.00536554,   3.97183515],
       [  3.28750663,   4.86380886,   1.00424688],
       [  5.99885871,   4.19398863,  -8.59953736]])
```

原始数据从 8 维降维到了 3 维,关系式由式(2—16)确定,同时这 3 维数据占了原始数据 95% 以上的信息。

2.6.2　数值规约

数值归约通过选择可替代的、较小的数据来减少数据量,包括有参数方法和无参数方法两类。有参数方法是使用一个模型来评估数据,只需存放参数,而不需要存放实际数据,例如回归(线性回归和多元回归)和对数线性模型(近似离散属性集中的多维概率分布)。无参数方法就需要存放实际数据,例如直方图、聚类、抽样(采样)。

1. 直方图

直方图使用分箱来近似数据分布,是一种流行的数据归约形式。属性 A 的直方图将 A 的数据分布划分为不相交的子集或桶。如果每个桶只代表单个属性值/频率对,则该桶称为单桶。通常,桶表示给定属性的一个连续区间。

【实例 2-20】绘制直方图。

结合实际案例来说明如何使用直方图做数值归约。某企业商品的单价(按人民币取整)从小到大排序为:3,3,5,5,5,8,8,10,10,10,10,15,15,15,22,22,22,22,22,22,22,22,22,25,25,25,25,25,25,25,25,25,30,30,30,30,30,35,35,35,35,35,39,39,40,40,40。绘制直方图,程序代码如下:

```
import matplotlib.pyplot as plt
data = [3, 3, 5, 5, 5, 8, 8, 10, 10, 10, 10, 15, 15, 15, 22, 22, 22, 22, 22,
22, 22, 22, 22, 25, 25, 25, 25, 25, 25, 25, 25, 25, 30, 30, 30, 30, 30, 35, 35,
35, 35, 35, 39, 39, 40, 40, 40]
plt.hist(data, bins=40, rwidth=0.8)
plt.show()
plt.hist(data, bins=3, rwidth=0.8)
plt.show()
```

使用单桶显示这些数据的直方图,如图 2-20 所示。进一步压缩数据,通常让每个单桶代表给定属性的一个连续值域。在图 2-21 中,每个桶代表 13 元的价值区间。

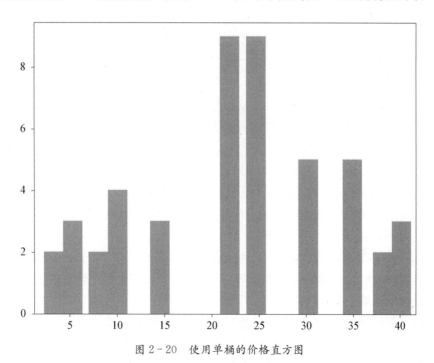

图 2-20　使用单桶的价格直方图

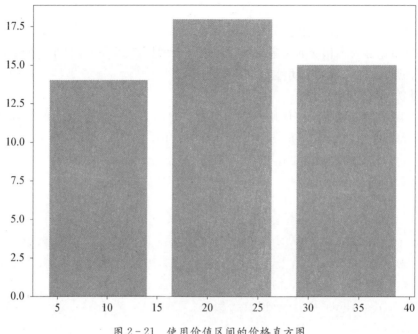

图 2-21　使用价值区间的价格直方图

2. 聚类

聚类技术将数据元组（即记录,数据表中的一行）视为对象。它将对象划分为簇,使一个簇中的对象彼此"相似",而与其他簇中的对象"相异"。在数据归约中,用数据的簇替换实际数据。该技术的有效性依赖于簇的定义是否符合数据的分布性质。

3. 抽样

抽样也是一种数据归约技术,它用比原始数据小得多的随机样本(子集)表示原始数据集 D。假定原始数据集包含 n 个元组,可以采用抽样方法对原始数据集 D 进行抽样。下面介绍常用的抽样方法。

（1）s 个样本无放回简单随机抽样,从原始数据集 D 的 n 个元组中抽取 s 个样本($s<n$),其中 D 中任意元组被抽取的概率均为 $1/N$,即所有元组的抽取是等可能的。

（2）s 个样本有放回地简单随机抽样,该方法类似于无放回简单随机抽样,不同之处在于每次从原始数据集 D 中抽取一个元组后,做好记录,然后放回原处。

（3）聚类抽样,如果原始数据集 D 中的元组分组放入 m 个互不相交的"簇",则可以得到 s 个簇的简单随机抽样,其中 $s<n$。例如,数据库中的元组通常一次检索一页,这样每页就可以视为一个簇。

（4）分层抽样,如果原始数据集 D 划分成互不相交的部分,称作层,则通过对每一层的简单随机抽样就可以得到 D 的分层样本。例如,按照顾客的每个年龄组创建分层,可以得到关于顾客数据的一个分层样本。

使用数据归约时,抽样最常用来估计聚集查询的结果。在指定的误差范围内,可以确定(使用中心极限定理)一个给定的函数所需的样本大小。通常样本的大小 s 相对于 n 非常小,而通过简单地增加样本大小,这样的集合可以进一步求精。

4. 参数回归

简单线性模型和对数线性模型可以用来近似给定的数据。用(简单)线性模型对数据建模,使之拟合一条直线 $y=kx+b$,其中 k 和 b 分别是直线的斜率和截距,得到 k 和 b 之后,即可根据给定的 x 预测 y 的值。

【实例2-21】线性回归分析房屋面积与价格的关系。

根据房屋面积、房屋价格的历史数据,建立线性回归模型。然后,根据给出的房屋面积,来预测房屋价格。程序代码如下:

```
import pandas as pd
from sklearn import linear_model
import matplotlib. pyplot as plt
import numpy as np
# 构建 dataframe
df = pd. DataFrame({"房屋面积":[150,200,250,300,350,400,600],\
                    "价格":[6450,7450,8450,9450,11450,15450,18450]})
print(df)
# 建立线性回归模型
regr = linear_model. LinearRegression()
# 拟合
regr. fit(np. array(df['房屋面积']). reshape(-1, 1), df['价格'])
# 直线的斜率、截距
a, b = regr. coef_, regr. intercept_
# 给出待预测面积
area = 238. 5
# 根据直线方程计算的价格
print(a * area + b)
# 画图
# 1. 真实的点
plt. scatter(df['房屋面积'], df['价格'], color= 'blue')
# 2. 拟合的直线
plt. plot(df['房屋面积'], regr. predict(np. array(df['房屋面积']). reshape(-1,
1)), color= 'red', linewidth=4)
plt. show()
```

程序运行结果如下:

当房屋面积为 238.5 时,预测价格为 8 635.03;得到的图形如图 2-22 所示。

多元线性回归是(简单)线性回归的扩充,它允许响应变量 y 建模为两个或者多个预测变量的线性函数。

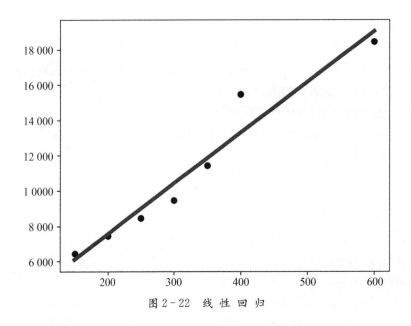

图 2-22 线 性 回 归

习 题

1. 请读取给定的 2-1.csv 文件,对其进行描述性统计分析,通过绘制箱型图找出异常值,并采用适当的方式对异常值进行修正。

2. 地区生产总值(地区 GDP)与多个因素相关,某研究小组选取了某省农业、工业、建筑业等 9 个产业和 GDP 数据,请分析这些数据与 GDP 的相关性。

3. 为研究民族地区农民可支配收入的影响因素,某同学收集了近几年广西壮族自治区农林牧渔总产值、农产品生产价格指数、农村人口等数据,请利用合适的方法对数据进行规范化处理。

4. 文件 2-4.csv 是上市房地产企业 2019 年的净利润率,请利用等频、等宽和聚类 3 种方法对数据进行离散化处理。

5. 请利用随机函数生成 1 000 个服从正态分布的随机数,将其分成 10 组,绘制直方图。

6. 已知某班学生共 50 人,其中总成绩为 A、B、C、D 的人数分别为 8 人、20 人、17 人、5 人,请绘制出成绩分布的饼图。

第3章

Python 大数据挖掘技术

本章知识点

(1) 掌握关联规则的概念、实现算法及评价方法。

(2) 掌握聚类分析的概念、实现算法及评价方法。

(3) 掌握分类分析的概念、实现算法及评价方法。

(4) 掌握离群点检测的概念、实现方法。

(5) 了解 Python 常用方法库。

通过对数据的探索和数据的预处理,获得可以直接进行数据挖掘的数据。根据数据挖掘的目标以及数据的形式,通常进行的数据挖掘工作包括:关联规则、聚类分析、分类分析、离群点检测等,本章将围绕这 4 种数据挖掘的工作展开。

3.1 关联规则

3.1.1 基本概念

关联规则的概念最早由 Agrawal、Imielinski 和 Swami 等于 1993 年提出,其主要研究目的是分析超市顾客购买行为的规律,发现连带购买商品,为制定合理的方便顾客选取的货架摆放方案提供依据。关联规则是反映一个事物与其他事物之间的相互依存性和关联性,用于从大量数据中挖掘出有价值的数据项之间的相关关系,可从数据中分析出形如"由于某些事件的发生而引起另外一些事件的发生"之类的规则。

韩家炜等将关联规则定义为:假设 $I = \{I_1, I_2, \cdots, I_n\}$ 是项的集合,给定一个交易数据库 D,其中每个事务(Transaction)t 是 I 的非空子集,即每一个交易都与一个唯一的标识符 TID(Transaction ID)对应(见表 3 - 1)。关联规则在 D 中的支持度(support)是 D 中事务同时包含 A、B 的百分比,即概率;置信度(confidence)是指在 D 中事务已经包含 A 的情况下,包含 B 的百分比,即条件概率。如果满足最小支持度阈值和最小置信度阈值,则认为关联规则是有趣的。阈值的设定根据挖掘需要人为设定。其中涉及的基本概念如下。

表 3-1　购物篮数据集合

TID	项　　　集
1	｛面包,牛奶｝
2	｛面包,尿布,啤酒,咖啡｝
3	｛牛奶,尿布,啤酒,可乐｝
4	｛牛奶,面包,尿布,啤酒｝
5	｛牛奶,面包,尿布,可乐｝

（1）关联规则:关联规则是形如 $A \rightarrow B$ 蕴含的表达式,其中 A 和 B 是不相交的项集,如｛牛奶,尿布｝→｛啤酒｝。

（2）项集:包含 0 个或多个项的集合,如｛牛奶,咖啡,面包｝。

（3）支持度计数:包含特定项集的事务个数,如表 3-1 中的 a（｛牛奶,面包,尿布｝）$=2$。

（4）支持度（support）：包含项集的事务数与总事务数的比值。Support $= \dfrac{\mathrm{number}(XY)}{\mathrm{number}(\mathrm{AllSamples})}$,如 $s = \dfrac{\sigma(牛奶,尿布,啤酒)}{|T|} = \dfrac{2}{5} = 0.4$。

（5）频繁项:在多个事务中频繁出现的项就是频繁项。

（6）频繁项集:假设有一系列的事务,将这些事务中同时出现的频繁项组成一个子集,且子集满足最小支持度阈值（Minimum Support）,这个集合称为频繁项集。

（7）置信度:置信度是指在一个数据出现后,另一个数据出现的概率,或者说数据的条件概率,即 Confidence$(A \rightarrow B) = P(A|B) = P(AB)/P(B)$,如 $c = \dfrac{\sigma(牛奶,尿布,啤酒)}{\sigma(牛奶,尿布)}$ $= \dfrac{2}{3} \approx 0.67$。

（8）提升度:表示在含有 B 的条件下,同时含有 A 的概率,与 A 总体发生的概率之比,Lift$(A \rightarrow B) = P(A|B)/P(B) =$ Confidence$(A \rightarrow B)/P(XB)$,如 $l = \dfrac{c}{P(A)} = \dfrac{2}{3} \div$ $\dfrac{3}{5} \approx 1.11$。

（9）关联规则的强度。

① 支持度,确定项集的频繁程度;

② 置信度,确定 B 在包含 A 的事物中出现的频繁程度;

③ 提升度,在含有 A 的条件下同时含有 B 的可能性,与没有这个条件下项集中含有的 B 的可能性之比。规则的提升度的意义在于度量项集｛A｝和项集｛B｝的独立性,即 Lift$(A \rightarrow B) = 1$,｛A｝、｛B｝相互独立。

若该值$=1$,说明事务 A 与事务 B 是独立的。

若该值<1,说明事务 A 与事务 B 是互斥的。

若该值>1,说明事务 A 与事务 B 是强项关联。

一般在数据挖掘中当提升度大于 3 时,我们才认为数据挖掘的关联是有价值的。

3.1.2　实现方法

关联分析的常用算法有 Apriori 算法和 FP-Growth 算法。

1. Apriori 算法

Apriori 算法是关联分析的常用算法,1994 年 Agrawal 等人在提出了著名的 Apriori 算法,该算法是一种挖掘关联规则的频繁项集算法,这里所有支持度大于最小支持度的项集称为频繁项集,简称频集。

1) Apriori 算法原理

如果一个项集是频繁的,则它的所有子集也一定是频繁的;反之,如果一个项集是非频繁的,则它的所有超集也一定是非频繁的。

基于 Apriori 的原理,一旦发现某项集是非频繁的,即可将整个包含该超集的子集剪枝。这种基于支持度度量修剪指数搜索空间的策略称为基于支持度的剪枝。

如图 3-1 所示,若 D 为非频繁项集,则颜色加深部分就是被剪枝的超集,也就是非频繁项集。

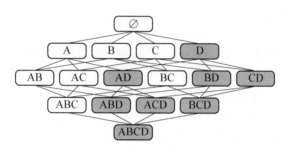

图 3-1　Apriori 算法原理

2) Apriori 算法具体步骤

(1) 扫描数据库,生成候选 1-项集和频繁 1-项集。

(2) 2-项集开始循环,由频繁($k-1$)-项集生成频繁 k-项集:

① 频繁($k-1$)-项集两两组合,判定是否可以连接,若能则连接生成 k-项集;

② 对 k 项集中的每个项集检测其子集是否频繁,舍弃掉不是频繁项集的子集;

③ 扫描数据库,计算前一步中过滤后的 k-项集的支持度,舍弃掉支持度小于阈值的项集,生成频繁 k-项集。

(3) 若当前 k-项集中只有一个项集时,循环结束。

2. FP-Growth 算法

Apriori 算法利用频繁集的两个特性,过滤了很多无关的集合,效率提高不少,但是,Apriori 算法是一个候选消除算法,每一次消除都需要扫描一次所有数据记录,造成整个算法在面临大数据集时显得无能为力。因此,产生了一个新的效率比 Apriori 算法高的挖掘频繁项集的算法,即 FP-Growth 算法。

1) FP-Growth 算法原理

FP-Growth 算法用于挖掘频繁项集,将数据集存储为 FP 树的数据结构,可以更高效地发现频繁项集或频繁项对。相比于 Apriori 对每个潜在的频繁项集都扫描数据集判定是否满足支持度,FP-Growth 算法只需要对数据库进行两次遍历,就可以高效发现频繁项集,因此,它在大数据集上的速度显著优于 Apriori 算法。

频繁模式树(Frequent Pattern tree,FP-tree)通过链接来连接相似元素,被连起来的元素可以看成是一个链表。将事务数据表中的各个事务对应的数据项按照支持度排序后,把每个事务中的数据项按降序依次插入到一棵以 NULL 为根节点的树中,同时在每个结点处记录该结点出现的支持度。

2)FP-Growth 算法步骤

FP-Growth 算法的步骤大体上可以分成两步:FP-tree 的构建;在 FP-Tree 上挖掘频繁项集。具体过程如下:

(1)扫描第一遍数据库,找出频繁项。

(2)将记录按照频繁项集的支持度由大到小的顺序重新排列。

(3)扫描第二遍数据库,产生 FP-tree。

(4)从 FP-tree 挖掘得到频繁项集。

3.1.3 关联模式的评价

在数据挖掘中,会产生大量的强关联规则(即,满足最小支持度和最小置信度阈值),但其中很大一部分规则用户可能并不感兴趣。如何识别哪些强关联规则是用户真正有兴趣的呢? 可以采用以下两种方法进行评价。

1. 客观标准

通过统计论据可以建立客观度量的标准,其中涉及相互独立的项或覆盖少量事务的模式被认为是不令人感兴趣的,因为其可能反映数据中的伪联系。

利用客观统计论据评价模式时,一般通过计算模式的客观兴趣度来度量,常见的方法有 3 种:提升度与兴趣因子进行度量、相关分析进行度量、IS 度量。

2. 主观标准

通过主观论据可以建立主观度量的标准。如果一个模式不能揭示料想不到的信息或提供导致有益的行动的有用信息,则主观认为该模式是无趣的。在评估关联模式时,将主观信息加入模式的评价中是一件比较困难的事情,因为这需要来自相关领域专家的大量先验信息作为支持。

常见的将主观信息加入模式发现任务的方法有以下 3 种。

(1)可视化方法:将数据中蕴含的信息通过数据可视化方法进行呈现,需要友好的环境,以及用户的参与,允许领域专家解释和检验发现的模式,只有符合观察到的信息的模式才被认为是有趣的。

(2)基于模板的方法:该方法通过限制提取的模式类型,只有满足指定模板的模式被认为是有趣地提供给用户,而不报告提取的所有模式。

(3)主观兴趣度量:该方法基于领域信息定义一些主观度量,例如:企业的利润,概念的分层等;利用主观度量来过滤显而易见和没有实际价值的模式。

3.2　聚类分析

3.2.1　基本概念

聚类(clustering)是一种通过寻找数据之间内在结构将数据对象划分为多个子集的技术。每个子集都是一个簇,处于相同簇中的数据彼此尽可能地相似;而处于不同簇中的数据彼此尽可能地不同。由聚类分析产生的簇的集合称为一个聚类。聚类技术通常又被称为无监督学习,与监督学习不同的是,簇中的数据在划分之前并没有表示数据类别的分类或者分组信息。

聚类分析中通常采用距离和相似系数统计量计算两个数据对象之间的相异度。距离的计算包括:欧几里得距离(Euclidean Distance)、曼哈顿距离(Manhattan Distance)、闵可夫斯基距离(Minkowski Distance)等;相似系数包括:余弦相似度(Cosine Similarity)、皮尔森相关系数(Pearson Correlation Coefficient)、Jaccard 相似系数(Jaccard Coefficient)、互信息/信息增益等。

3.2.2　实现方法

目前存在大量的聚类算法,算法的选择取决于数据的类型、聚类的目的和具体应用。聚类算法主要分为5大类:基于划分的聚类方法、基于层次的聚类方法、基于密度的聚类方法、基于网格的聚类方法和基于模型的聚类方法。

1. 基于划分的聚类方法

基于划分的聚类方法是一种自顶向下的方法,对于给定的 n 个数据对象的数据集 D,将数据对象组织成 $k(k \leqslant n)$ 个分区,其中,每个分区代表一个簇。

在基于划分的聚类方法中,最经典的就是 k-平均(k-means)算法和 k-中心(k-medoids)算法。图 3-2 展示了 k-means 算法的聚类过程,假设需要将数据划分为两个聚类(聚类的数量需要根据实际情况进行确定)。第一步,选取 2 个聚类的质心,质心通常是随机选取的。第二步,对剩余的每个样本点,计算它们到各个质心的距离,并将其归入到相互间距离最小的质心所在的聚类。第三步,在所有样本点都划分完毕后,根据划分情况重新计算各个聚类的质心所在位置。通过迭代计算各个样本点到各聚类质心的距离,对所有样本点重新进行划分,不断重复第二和第三步,直至所有样本点的划分情况保持不变

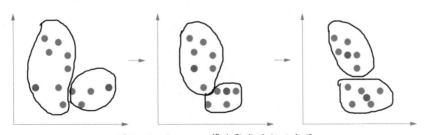

图 3-2　k-means 算法聚类过程示意图

或收敛,即满足某个终止条件为止,最常见的终止条件是聚类的误差平方和局部最小。此时说明 k-means 算法已经得到了最优解,返回运行的结果。

基于划分的聚类方法的优点是收敛速度快。

基于划分的聚类方法的缺点是聚类前要明确聚类的数目 k,或者能够对聚类的数目 k 进行合理的估计,并且初始中心的选择和噪声会对聚类结果产生很大影响。

2. 基于层次的聚类方法

基于层次的聚类方法是指对给定的数据进行层次分解,即将数据对象组织成层次机构或"树",直到满足某种条件为止。该算法根据层次分解的顺序分为自底向上的凝聚层次聚类算法,和自顶向下的分裂式层次聚类算法。

1)凝聚层次聚类算法

该算法首先将每个数据对象设置为一个独立的簇,然后计算数据对象之间的距离,将距离最近的点合并到同一个簇。接下来,计算簇与簇之间的距离,将距离最近的簇合并为一个大簇。直到所有的对象全部合成一个簇,或者达到某个终止条件为止。

簇与簇的距离的计算方法有最短距离法、最大距离、中心距离法、平均距离等,其中,最短距离法是将簇与簇的距离定义为簇与簇之间数据对象的最短距离。自底向上法的代表算法是 AGNES(AGglomerative Nesting)算法。

2)分裂式层次聚类算法

该方法与凝聚性的层次聚类算法不同,它首先将所有数据对象都放入一个簇,然后逐渐细分为更小的簇,直到每个数据对象均形成一个独立的簇,或者达到某个终止条件为止。自顶向下法的代表算法是 DIANA(Divisive Analysis)算法。

基于层次的聚类算法的主要优点包括,距离和规则的相似度容易定义,限制少,不需要预先制定簇的个数,可以发现簇的层次关系。

基于层次的聚类算法的主要缺点包括,计算复杂度太高,不适用于大数据集,奇异值也能产生很大影响,算法很可能聚类成链状。

3. 基于密度的聚类方法

以上基于划分和基于层次聚类方法均是基于距离的聚类算法,该类算法的聚类结果是凸形的簇,难以发现任意形状的簇,如图 3-3 所示。但是,基于密度的聚类方法的主要目标是寻找被低密度区域分离的高密度区域。与基于距离的聚类算法不同的是,基于密度的聚类算法可以发现任意形状的簇。

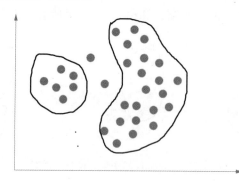

图 3-3 密度聚类示意图

基于密度的聚类方法是从数据对象分布区域的密度着手的,如果给定类中的数据对象在给定的范围区域中,则数据对象的密度超过某一阈值就继续聚类。这种方法通过连接密度较大的区域,能够形成不同形状的簇,而且可以消除孤立点和噪声对聚类质量的影响,以及发现任意形状的簇。

基于密度聚类的算法,首先需要指定合适的 r(点的半径)和 m(在一个点半径内至少包含的点的个数);然后,计算所有的样本点,如果点 p 的 r 邻域里有超过 m 个点,则创建一个以 p 为核心的新簇;接下来,反复寻找这些核心点直接密度可达的点,将其加入相应的簇,对于核心点发生"密度相连"的簇,将其进行合并;最后,当没有新的点可以被添加到任何簇时,算法结束。

基于密度的聚类方法中最具代表性的是 DBSAN(Density-Based Spatial Clustering of Applications with Noise)算法、OPTICS(Ordering Points to identify the clustering structure)算法和 DENCLUE(Density-Based clustering)算法。

该类算法的优点是,能克服基于距离的算法(如 k-Means)只能发现凸聚类的缺点,可以发现任意形状的聚类,可以过滤掉异常值对噪声数据不敏感。

该类算法的缺点是,找不到具有不同密度的所有簇,仅限于地位数据集,计算密度差异大的计算复杂度大,需要建立空间索引来降低计算量。

4. 基于网格的聚类方法

基于网格的聚类方法将空间量化为有限数目的单元,可以形成一个网格结构,所有聚类都在网格上进行。基本思想就是将每个属性的可能值分割成许多相邻的区间,并创建网格单元的集合。每个对象落入一个网格单元,网格单元对应的属性空间包含该对象的值,如图3-4所示。

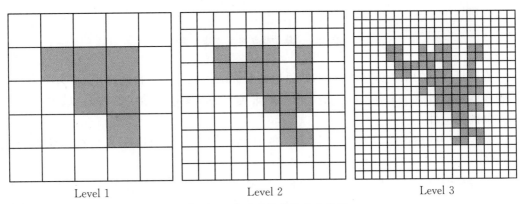

图3-4 基于网格的聚类示意图

基于网格的聚类首先,划分网格;然后,使用网格单元内数据的统计信息对数据进行压缩表达;接下来,结余统计信息判断高密度网格单元;最后,将相连的高密度网格单元识别为簇。

基于网格的聚类方法中最具代表性的是 STING、WaveCluster、CLIQUE 等算法。

(1) STING 算法是一种基于网格的多分辨率技术,用分层和递归的方法将空间划分为矩形单元,并对应不同分辨率。

（2）WaveCluster算法用小波分析使簇的边界变得更加清晰。

（3）CLIQUE算法是指结合网格和密度聚类的思想，子空间聚类处理大规模高维度数据。

这些算法使用不同的网格划分方法，将数据空间划分成为有限个单元（cell）的网格结构，并对网格数据结构进行了不同的处理。

基于网格的聚类方法的主要优点是处理速度快，其处理时间独立于数据对象数，而仅依赖于量化空间中的每一维的单元数。

基于网格的聚类方法缺点是只能发现边界是水平或垂直的簇，而不能检测到斜边界。另外，在处理高维数据时，网格单元的数目会随着属性维数的增长而呈指数级增长。

5. 基于模型的聚类方法

基于模型的聚类方法主要是指基于概率模型和基于神经网络模型的方法，是试图优化给定的数据和某些数学模型之间的适应性的。该方法给每一个簇假定了一个模型，然后寻找数据对给定模型的最佳拟合。假定的模型可能是代表数据对象在空间分布情况的密度函数或者其他函数。这种方法的基本原理就是假定目标数据集是由一系列潜在的概率分布所决定的。基于模型的聚类方法示例如图3-5所示。

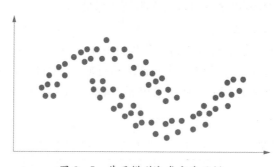

图3-5　基于模型分类方法示例

在基于模型的聚类方法中，簇的数目是基于标准的统计数字自动决定的，噪声或孤立点也是通过统计数字来分析的。基于模型的聚类方法试图优化给定的数据和某些数据模型之间的适应性。

基于模型的聚类方法中最具代表性的是高斯混合模型（GMM）、自组织映射算法（SOM）。

混合高斯模型就是指对样本的概率密度分布进行估计，而估计采用的模型（训练模型）是几个高斯模型的加权和。每个高斯模型就代表了一个类（一个Cluster）。对样本中的数据分别在几个高斯模型上投影，就会分别得到在各个类上的概率。然后我们可以选取概率最大的类作为判决结果。

自组织映射算法是通过发现质心的集合，并将数据集中的每个对象指派到提供该对象最佳近似的质心。

3.2.3　聚类算法评价

聚类分析仅利用数据本身的特性进行分组，其目标是使组内的对象之间尽可能地相似,而不同组之间的对象则相反。组内相似性越大,组间差异性越大,则聚类的效果越好。一个好的聚类算法通常要求:①具有高度可伸缩性;②能够处理不同类型数据;③可发现任意形状的簇;④最小化输入参数;⑤能够处理噪声数据;⑥对数据输入顺序不敏感;⑦具有处理高维度数据的能力;⑧聚类结果具有可解释性和可用性。

聚类分析结果的评价方法包括 purity 评价法、RI 评价法、F 值评价法。

1. purity 评价法

purity 评价法通过计算正确聚类数占总数的比例对聚类结果进行评价。

$$purity = \frac{1}{N} \sum_k \max_j | \omega_k \bigcap C_j |$$

其中,N 代表总数据数;ω_k 代表第 k 个聚类簇;$C = \{C_1, C_2, \cdots, C_j\}$ 是数据的集合;C_j 表示第 j 个数据。

若第一个聚类正确的有 6 个,第二个聚类正确的有 5 个,第三个聚类正确的有 4 个,总共有 20 个数据则 purity=(6+5+4)/20=0.75。该方法的值在 0~1 之间,完全错误的聚类方法值为 0,完全正确的方法值为 1。

2. RI 评价法

RI 评价法用排列组合原理来对聚类进行评价。

$$RI = \frac{TP + TN}{TP + FP + FN + TN}$$

其中,TP 为被聚在一类的两个对象被正确分类了;TN 指不应该被聚在一类的两个对象被正确分开了;FP 指不应该被聚在一类的对象被错误地放在了一类;FN 指不应该分开的对象被错误地分开了。

3. F 值评价法

F 值评价法是基于 RI 评价法衍生出的一种评价方法。

$$F_\alpha = \frac{(\beta^2 + 1)PR}{\beta^2 P + R}$$

其中,$P = \frac{TP}{TP + FP}$,$R = \frac{TP}{TP + FN}$,在 RI 方法中是把准确率 P 和召回率 R 看得同等重要。事实上有时候我们可能需要某一特性更多一点,这时候可以采用 F 值评价法。

3.3　分类分析

3.3.1　基本概念

分类是一个有监督的学习过程,训练集中的记录类别是已知的,分类过程即将每一条记录归到对应的类别之中。分类的目的是确定一个记录为某一个已知的类别。

分类:就是通过学习得到一个目标函数(target function)f,将每个属性集 x 映射到一个预定义类标号 y。目标函数也成为分类模型(classification model),分类模型的目的包含两个方面。

(1)描述性建模:分类模型作为解释性工具,用于区分不同类中的对象。例如,利用一个描述性模型对数据进行概括,并说明哪些特征确定了记录的类型。

(2)预测性建模:分类模型用于预测未知记录的类标号。分类模型可以作为一个黑箱,当给定一条记录的属性集上的值时,自动为其赋予一个类标号。

分类技术一般用于预测和描述二元类型的数据集,而对于序数的分类,由于分类技术未考虑隐含在目标类中的序关系,因此分类技术不太有效。此外,形如超类与子类的关系等,也常被忽略。

分类模型一般采用一种学习算法进行确定,模型应能够很好地拟合输入数据中的属性集与类标号之间的关系,同时还要能够正确的预测新样本的类标号。分类的基本过程,一般通过两步实现(见图3-6)。

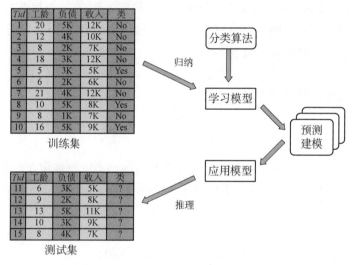

图3-6 分类模型建立的基本过程

在训练阶段,使用训练数据集,通过分析由属性描述的数据库元组来建立分类模型。

在测试阶段,使用测试数据集来评估模型的分类准确率,如果认为可以接受,就可以用该模型对其他数据元组进行分类。一般来说,测试阶段的代价远低于训练阶段。

3.3.2 实现方法

分类算法分为二分类算法和多分类算法。二分类算法表示分类标签只有两个分类,具有代表性的有支持向量机和梯度提升决策树。多分类算法表示分类标签多于两个分类,比较常见的有逻辑回归、朴素贝叶斯、决策树等。本节主要介绍几种常用的分类方法:决策树、朴素贝叶斯分类器、最近邻分类器以及逻辑回归等。

1. 决策树分类器

决策树是一种常用的分类算法,它是一种树形结构,由决策点、分支和叶节点组成。其中,每个内部节点表示一个属性上的测试,每个分支代表一个测试输出,每个叶节点代

表一种类别。对一个新的记录进行分类时,只需要沿决策树从上到下,在每个分支节点进行测试,沿着相应的分支递归地进入子树再测试,一直到达叶子节点,该叶子节点所代表的类别即为当前样本的预测类别,这个过程就是决策归纳的过程。从树的最顶层的根节点到每个叶子节点均形成一条分类的路径规则,决策过程转换为一组决策规则。如图 3-7 所示为对汽车购买意愿构建的决策树。

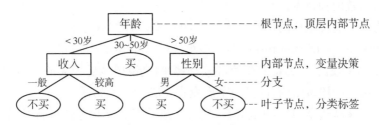

图 3-7 汽车购买意愿决策树

决策树是一类常见的机器学习方法。以二分类任务为例,通过给定的训练数据集中习得一个模型,并用以对新示例进行分类。

决策树算法的目的既是从训练集 S 中建立树 T,决策树的构建过程分为以下 3 个部分:

(1) 属性选择。属性选择是指从训练数据集的众多属性中选择一个属性作为当前节点的决策标准,如何选择属性有着很多不同量化评估标准,从而衍生出不同的决策树算法。

选择最能够提供信息的属性,常用的方法是使用基于熵的方法来识别最能够提供信息的属性。熵方法基于两个基础的度量来选择最能提供信息的属性。

熵:用于衡量属性的杂质。

信息增益:用于衡量一个属性为分类系统带来的信息量的多少。

给定分类 Y 和对应的标签 $y \in Y$,$P(y)$ 表示 y 的概率,则 Y 的熵 H_y 的定义为

$$H_y = -\sum_{\forall y \in Y} P(y) \log_2 P(y)$$

对于二分类,当每个标签 y 的概率 $P(y)$ 是 0 或 1 的时候,H_y 等于 0。此外,当所有分类标签具有相等的概率时,H_y 获得最大熵。

接下来,对每个属性确定其条件熵。给定属性 X,其值是 x,其结果属性是 Y,值是 y,条件熵 $H_{Y|X}$ 是对于给定 X 时 Y 的剩余熵,如

$$H_{Y|X} = \sum_x P(x) H(Y \mid X = x) = -\sum_{\forall x \in X} P(x) \sum_{\forall y \in Y} P(x) \log_2 P(x)$$

属性 X 的信息增益为基础熵与属性的条件熵之差,如

$$\mathrm{InfoGain}_X = H_Y - H_{X|Y}$$

通过计算每个属性的信息增益,将具有最高信息增益的属性作为给定的样本集合 D 的分支属性,然后创建一个节点,为该属性的每个值创建分支。

(2) 决策树生成。决策树生成是指根据选择的特征评估标准,从上至下递归地生成子

节点,直到数据集不可再分则停止决策树的生长。

确定决策树停止增长的方法有两种,一种是通过检查是否都具有相同的属性值,或所有的记录是否都属于同一类;另一种方是检查记录数是否小于某个最小阈值,已确定是否终止递归函数。

(3)剪枝。决策树容易过拟合,一般来需要剪枝,缩小树结构规模、缓解过拟合。剪枝有预剪枝和后剪枝两种技术。

目前较为流行的决策树的构建算法包括:ID3、C4.5、CART等。

(1)ID3(Iterative Dichotomiser 3)。该算法是John Ross Quinlan开发的一种决策树算法,该算法的基础是奥卡姆剃刀原理,越是小型的决策树越优于大的决策树,尽管如此,也不总是生成最小的树型结构,而是一个启发式算法。

(2)C4.5。该算法是ID3的后继者,并且通过动态定义将连续属性值分割成离散的一组间隔的离散属性(基于数值变量)来去除特征必须是分类的限制。C4.5将训练好的树(即ID3算法的输出)转换成if-then规则的集合。然后评估每个规则的这些准确性以确定应用它们的顺序。如果规则的准确性没有改善,则通过删除规则的前提条件来完成修剪。

(3)CART(分类和回归树)。该算法与C4.5非常相似,但不同之处在于它支持数值目标变量(回归),并且不计算规则集。CART使用在每个节点产生最大信息增益的特征和阈值构造二叉树。

2. 朴素贝叶斯分类器

贝叶斯分类是一类分类算法的总称,这类算法均以贝叶斯定理为基础,利用预测类隶属关系的概率,将元组划分到一个特定类,故统称为贝叶斯分类。

贝叶斯定理是关于随机事件 A 和 B 的条件概率(或边缘概率)的一则定理,其中 $P(A|B)$ 是在 B 发生的情况下 A 发生的可能性。贝叶斯统计中的两个基本概念是先验分布和后验分布。

(1)先验分布。总体分布参数 θ 的一个概率分布。贝叶斯学派的根本观点,是认为在关于总体分布参数 θ 的任何统计推断问题中,除了使用样本所提供的信息外,还必须规定一个先验分布,它是在进行统计推断时不可缺少的一个要素。他们认为先验分布不必有客观的依据,可以部分或完全基于主观信念。

(2)后验分布。根据样本分布和未知参数的先验分布,用概率论中求条件概率分布的方法,求出的在样本已知下,未知参数的条件分布。因为这个分布是在抽样以后才得到的,故称为后验分布。贝叶斯推断方法的关键是任何推断都必须且只需根据后验分布,而不能再涉及样本分布。

贝叶斯公式为

$$P(A \mid B) = \frac{P(B \mid A)P(A)}{P(B)}$$

朴素贝叶斯分类器在估计类条件概率时假设属性之间条件独立。对于给定类的标号 y_i,每个属性是条件独立于其他每个属性的。

$$P(x_1, x_2, \cdots, x_n \mid y_i) = P(x_1 \mid y_i)P(x_2 \mid y_i)\cdots P(x_n \mid y_i) = \prod_{j=1}^n P(x_j \mid y_i)$$

有了条件独立的假设,只需要对给定的 Y,计算每个 x_j 的条件概率。分类测试记录时,朴素贝叶斯分类器对每个类 Y 计算后验概率

$$P(y_i \mid X) = \frac{P(y_i)\prod_{j=1}^n P(x_j \mid y_i)}{P(X)}$$

对于所有的 Y,$P(X)$ 是固定的,因此只要找出 $P(y_i)\prod_{j=1}^n P(x_j \mid y_i)$ 最大的类就可以了。

3. 最近邻分类器

基于最近邻的分类器通过找出和测试样本的属性相对接近的所有训练样本,这些训练样本称为最近邻(nearest neighbor),然后使用这些最近邻中出现次数最多的类标号作为测试样本的分类标号。

最近邻分类器将每个样本看作 d 维空间上的一个数据点,其中 d 是属性个数。通过相似性或距离度量测试样本与训练集中其他数据点的邻近度。给定样本的 k-最近邻是指和样本距离最近的 k 个数据点。k-最近邻实例如图 3-8 所示。

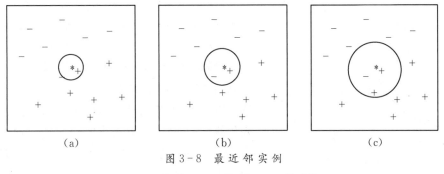

图 3-8 最近邻实例

(a)1-最近邻;(b)2-最近邻;(c)3-最近邻

该算法的主要思想是:如果一个样本在特征空间中的 k 个最相似的样本中的大数据属于某一类,则该样本也属于该类。k-在最近邻分类器中,所选择的邻居都是已经正确分类的对象。该方法指依据最邻近的一个或者几个样本所属的类来确定测试样本所属的类。

最近邻分类器中的 k 值的选择,如果 k 太小,则最近邻分类器容易受到训练集中的噪声而产生过分拟合的影响;相反,如果 k 太大,最近邻分类器可能会误分类测试样本,因为最近邻列表中可能包含远离其近邻的数据点。

k-最近邻算法的特点:①不需要事先对训练数据建立样本分类模型,而是当需要对测试样本进行分类时,才使用具体的训练样本进行预测;②基于局部信息(k 个最近邻)进行决策,因此当最近邻的 k 很小时,对噪声非常敏感。

4. 逻辑回归

我们知道,线性回归模型是利用求输出特征向量 Y 和输入样本矩阵 X 之间的线性关系

系数 r，满足 $\boldsymbol{Y}=r\boldsymbol{X}$。此时的 $\boldsymbol{Y}$ 是连续的，所以是回归模型。假设，$\boldsymbol{Y}$ 是离散的，我们需要对于 $\boldsymbol{Y}$ 再做一次函数转换，变为 $g(\boldsymbol{Y})$。如果令 $g(\boldsymbol{Y})$ 的值在某个区间的时候是类别 A，在另一个区间的时候是类别 B，则就得到了一个分类模型。如果结果的类别只有两种，那么就是一个二元分类模型了。逻辑回归(Logistic Regression)虽然被称为回归，但其实际上是分类模型。

逻辑回归的目的是对事件进行分类，并将格式件划分到最合适的类中。逻辑回归包含一组自变量和截距的 β 值，通过 β 值得出逻辑函数，逻辑函数可以估计事件属于某一输出组的概率。观测量 j 相对于事件 i 的发生概率的计算公式为

$$P_j = \frac{1}{1+\mathrm{e}^{(-\beta_0-\Sigma\beta_j x_j)}}$$

其中，β 是逻辑回归中的系数。

逻辑回归使用一个函数来归一化 y 值，使 y 的取值在区间 $(0,1)$ 内，这个函数称为 Logistic 函数(logistic function)，也称为 Sigmoid 函数(sigmoid function)。函数公式为

$$g(x) = \frac{1}{1+\mathrm{e}^x}$$

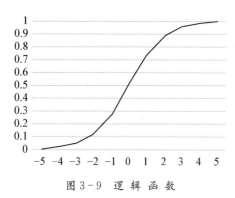

图 3-9 逻辑函数

Logistic 函数当 x 趋近于无穷大时，$g(x)$ 趋近于 1；当 x 趋近于无穷小时，$g(x)$ 趋近于 0。Logistic 函数的图形如图 3-9 所示。

逻辑回归本质上仍然是线性回归，只是在特征到结果的映射中加入了一层函数映射，即先把特征线性求和，然后使用函数 $g(x)$ 作为假设函数来预测。$g(x)$ 可以将连续值映射到 0 到 1 之间。线性回归模型的表达式带入 $g(x)$，就得到逻辑回归的表达式

$$h_\theta(x) = g(\theta^{\mathrm{T}}x) = \frac{1}{1+\mathrm{e}^{\theta^{\mathrm{T}}x}}$$

利用逻辑回归进行分类，我们将 y 的取值通过 Logistic 函数归一化到 $(0,1)$ 间，y 的取值有特殊的含义，它表示结果取 1 的概率，因此对于输入 x 分类结果为类别 1 和类别 0 的概率分别为

$$P(y=1 \mid x;\theta) = h_\theta(x)$$
$$P(y=0 \mid x;\theta) = 1-h_\theta(x)$$

把这两个公式综合起来可以写成

$$P(y \mid x;\theta) = (h_\theta(x))^y (1-h_\theta(x))^{1-y}$$

其中，y 的取值为 0 或 1。

在得到 y 的概率分布函数表达式后，就可以用似然函数最大化来求解模型系数 θ，即

$$L(\theta) = \prod_{i=1}^{m} (h_\theta(x_i))^{y_i} (1 - h_\theta(x_i))^{1-y_i}$$

其中,m 为样本的数量。

对数似然函数为

$$J(\theta) = \log_2 L(\theta) = \sum_{i=1}^{m} (y_i \log_2(h_\theta(x_i)) + (1 - y_i) \log_2(1 - h_\theta(x_i)))$$

最大似然估计就是求使 $J(\theta)$ 取最大值的 θ,可以采用梯度上升法求解,求得的 θ 就是要求的最佳参数。

3.3.3 分类评估

分类模型建好之后,一般通过模型能够对预测的记录进行评估,这些数据存放在混淆矩阵(confusion matrix)中。如表 3 - 2 所示,描述了二元分类问题的混淆矩阵。

表 3 - 2 混 淆 矩 阵

实际的类	预测的类	
	类=1	类=0
类=1	f_{11}	f_{10}
类=0	f_{01}	f_{00}

表 3 - 2 中的 f_{ij} 表示实际类标号为 i 但被预测为类 j 的记录数量。例如:f_{11} 表示原本属于类 1,实际也被正确划分到类 1 的记录数量;f_{10} 则表示原本属于类 1,但是被错误划分到类 0 的记录的数量。按照混淆矩阵的表项,被正确预测的记录总数为 $f_{11} + f_{00}$,而被错误预测的记录总数为 $f_{10} + f_{01}$。

利用混淆矩阵中的数据可以构建准确率和错误率对分类模型的性能进行评价。

$$准确率 = \frac{正确预测数}{预测总数} = \frac{f_{11} + f_{00}}{f_{11} + f_{10} + f_{00} + f_{01}}$$

$$错误率 = \frac{错误预测数}{预测总数} = \frac{f_{10} + f_{01}}{f_{11} + f_{10} + f_{00} + f_{01}}$$

分类算法应着眼于寻找准确率高,或者是错误率低的模型。

3.4 离群点检测

3.4.1 基本概念

离群点(outlier)也称为异常对象,它是显著不同于其他数据对象的数据。离群点不同于噪声数据,噪声是被观测变量的随机误差或方差。离群点则是由于数据来源于不同的类、自然变异、数据测量和手机误差等造成的。离群点检测是有趣的,因怀疑产生它们的机制不同于产生其他数据的机制,因此在离群点检测时,重要的是搞清楚为什么检测到的离群点被某种其他机制产生。通常,在其余数据上做各种假设,并且证明检测到的离群点显著违反了这些假设。离群点的检测已经被广泛应用于电信和信用卡的诈骗检测、贷款审批、电子商务、网络入侵和天气预报等领域。

离群点依据数据范围,数据类型以及属性的数量可以划分为 3 种不同的类型。

(1) 依据数据范围,离群点可以分为全局离群点和局部离群点。整体来看,某些对象没有离群特征,但是从局部来看,却显示了一定的离群性。在给定的数据集中,如果一个数据对象显著的偏离数据集中的其他对象,则称为全局离群点。局部离群点,则是相对于数据对象的局部领域,它是远离的。

(2) 依据数据类型,离群点可以分为数值型离群点和分类型离群点。

(3) 依据属性的数量,离群点可以分为一维离群点和多维离群点,一个对象可能有一个或多个属性。

3.4.2 实现方法

1. 统计学方法

离群点检测的统计学方法对数据的正常性做假定,假定数据集中的正常对象由一个随机过程(生成模型)产生。因此,正常对象出现在该随机模型的高概率区域中,而低概率区域中的对象是离群点。

离群点检测的统计学方法一般思想是:学习一个拟合给定数据集的生成模型,然后识别该模型低概率区域中的对象,把它们作为离群点。有许多不同的方法来学习生成模型,一般而言,根据如何指定和学习模型,离群点检测的统计学方法可以划分成两个主要类型:参数方法和非参数方法。

参数方法假定正常的数据对象被一个以为参数的参数分布产生。该参数分布的概率密度函数给出对象被该分布产生的概率。该值越小,越可能是离群点。

非参数方法并不假定先验统计模型,而是试图从输入数据确定模型。非参数方法的例子包括直方图和核密度估计。

2. 基于邻近性的方法

给定特征空间中的对象集,可以使用距离度量来量化对象间的相似性。基于邻近性的方法假定:离群点对象与它最近邻的邻近性显著偏离数据集中其他对象与它们近邻之间的邻近性。

有两种类型的基于邻近性的离群点检测方法:基于距离的和基于密度的方法。基于距离的离群点检测方法考虑对象给定半径的邻域。一个对象被认为是离群点,如果它的邻域内没有足够多的其他点。基于密度的离群点检测方法考察对象和它近邻的密度。这里,一个对象被识别为离群点,如果它的密度相对于它的近邻低得多。

3. 基于聚类的方法

基于聚类的方法是通过考察对象与簇之间的关系检测离群点。直观地说,离群点是一个对象,它属于小的偏远簇,或者不属于任何簇。这导致三种基于聚类的离群点检测的一般方法是需要考虑这个对象。

(1) 该对象属于某个簇吗？如果不，则它被识别为离群点。

(2) 该对象与最近的簇之间的距离很远吗？如果是，则它是离群点。

(3) 该对象是小簇或稀疏簇的一部分吗？如果是，则该簇中的所有对象都是离群点。

基于聚类的离群点检测方法具有如下优点。首先，它们可以检测离群点，而不要求数据是有标号的，即它们以无监督方式检测。它们对许多类型的数据都有效。簇可以看成是数据的概括，一旦得到簇，基于聚类的方法只需要把对象与簇进行比较，以确定该对象是否是离群点，这一过程通常很快，因为与对象总数相比，簇的个数通常很小。

基于聚类的方法的缺点是：它的有效性高度依赖于所使用的聚类方法。这些方法对于离群点检测而言可能不是最优的。对于大型数据集，聚类方法通常开销很大，这可能成为一个瓶颈。

4. 基于分类的方法

如果训练数据具有类标号，则离群点检测可以看作分类问题。基于分类的离群点检测方法的一般思想是，训练一个可以区分"正常"数据和离群点的分类模型。

基于分类的离群点检测方法通常使用一类模型（单分类模型 SVDD），即构造一个仅描述正常类的分类器，不属于正常类的任何样本都被视为离群点。

基于分类的方法和基于聚类的方法可以联合使用，以半监督的方式检测离群点。

3.5 Python 常用数据分析工具简介

Python 本身数据分析功能并不强，但是可以通过第三方扩展库来增强其相应的数据分析功能。常用的库有 NumPy、SciPy、Matplotlib、Pandas、StatsModels、scikit-learn、Keras、Gensim 等，如表 3-3 所示。

表 3-3 Python 常用方法库

扩展库名	简　介
NumPy	由多维数组对象和用于处理数组的历程集合组成的库
SciPy	提供矩阵支持，以及矩阵相关的数值计算模块
Matplotlib	强大的数据可视化工具、作图库
Pandas	用于数据挖掘和数据分析，同时也提供数据清洗功能
StatsModels	用于拟合多种统计模型，执行统计测试以及数据探索和可视化
scikit-learn	支持分类，回归，降维和聚类等机器学习算法，还包括了特征提取，数据处理和模型评估三大模块
Keras	用于建立神经网络模型以及深度学习模型
Scrapy	爬虫工具，具有 URL 读取、HTML 解析、存储数据等功能
Gensim	强大的自然语言处理工具

1. Numpy

Python 没有提供数组功能，虽然列表可以完成基本的数组功能，但是当数据量较大时,列表的速度会变慢。Numpy可以提供数组支持以及进行数据高效处理的函数,同时也是SciPy、Pandas等数据处理和科学计算库最基本的函数功能库。

Numpy提供了两种基本的对象:ndarray(N-dimensional array object)和 ufunc (universal function object)。ndarray是存储单一数据类型的多维数组;而 ufunc 是能够对数组进行处理的函数。

Numpy的功能:

N维数组,一种快速、高效使用内存的多维数组,它提供矢量化数学运算。

可以不需要使用循环,就能对整个数组内的数据进行标准数学运算。

非常便于传送数据到用低级语言编写(C\C++)的外部库,也便于外部库以 Numpy 数组形式返回数据。

Numpy不提供高级数据分析功能,但可以更加深刻的理解 Numpy 数组和面向数组的计算。

示例代码如下:

```
#一般以 np 作为 numpy 的别名
import numpy as np
#创建数组
a = np. array([1,2,3,4])
print(a)
print(a[:2])
print(a. min())
a. sort()
b = np. array([1,2,3],[4,5,6])
print(b * b)
```

2. SciPy

SciPy主要用于数学、科学和工程计算,是一组专门解决科学计算中各种标准问题域的包的集合,包含的功能有最优化、线性代数、积分、插值、拟合、特殊函数、快速傅里叶变换、信号处理和图像处理、常微分方程求解和其他科学与工程中常用的计算等。SciPy库依赖于NumPy,因此安装之前需要先安装NumPy。

对数据进行最小二乘拟合的示例代码如下:

```
import numpy as np
from scipy. optimize import leastsq
X = np. array([8.3,2.4,6.9,8.7,4.7,2.6,3.8])
Y = np. array([7.5,2.7,6.7,5.7,4.1,4.3,4.5])
#计算以 p 为参数的直线和原始数据之间的误差
```

```
def f(p):
    k,b = p
    return (Y-(k * X+b))
# leastsq 使得 f 的输出数组的平方和最小,参数初始值为[1,0]
r = leastsq(f,[1,0])
k,b = r[0]
print("k=",k,"b=",b)
```

3. Matplotlib

Matplotlib 是强大的数据可视化工具,主要用于二维绘图,能方便地做出线条图、饼图、柱状图以及其他专业图形,也可以进行简单的三维绘图。它提供了绘制各类可视化图形的命令字库、简单的接口,可以方便用户轻松掌握图形的格式,绘制各类可视化图形。并且可以将图形输出为常见的矢量图和图形测试,如 PDF SVG JPG PNG BMP GIF 等。

Matplotlib 绘制折线图的示例代码如下:

```
import matplotlib. pyplot as plt
import numpy as np
x = np. arange(9)
y = np. sin(x)
z = np. cos(x)
# marker 数据点样式,linewidth 线宽,linestyle 线型样式,color 颜色
plt.plot(x, y, marker = " * ", linewidth = 3, linestyle = " -- ", color
="orange")
plt. plot(x, z)
plt. title("matplotlib")
plt. xlabel("height")
plt. ylabel("width")
# 设置图例
plt. legend(["Y","Z"], loc="upper right")
plt. grid(True)
plt. show()
```

输出效果展示如图 3-10 所示。若在图中使用了中文标签,则由于 matplotlib 默认的是英文字体,需要在作图之前指定默认的字体为中文字体,如仿宋(FangSong),命令如下:

```
plt. rcParams['font. sans-serif'] = ['FangSong']    # 指定默认字体为仿宋
```

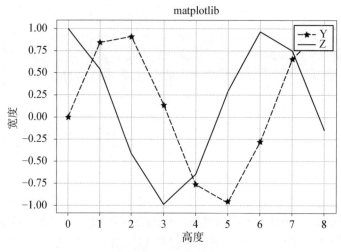

图 3-10 输出效果展示

若在图中需要正确显示负号"一",可以进行如下设置:

```
plt. rcParams['axes. unicode_minus'] = False
```

4. Pandas

Pandas 是 Python 中强大、灵活的数据分析和探索工具。它包含了 Series、DataFrame 等高级数据结构和工具,安装 Pandas 可使 Python 中处理数据变得快速和简单。它建立在 Numpy 之上,使得 Numpy 应用变得简单。Pandas 最初被用作金融数据分析工具而开发出来,因此 Pandas 为时间序列分析提供了很好的支持。

Pandas 的功能非常强大,支持类似 SQL 的数据增、删、查、改,并且带有丰富的数据处理函数;支持时间序列分析功能;支持灵活处理缺失数据;等等。

默认的 Pandas 不能读写 Excel 文件,因此需要安装 xlrd(读)和 xlwt(写)库才能对 Excel 读写。命令如下:

```
pip install xlrd
pip install xlwt
```

Pandas 中常用的操作代码如下所示:

```
import pandas as pd
se=pd. series([1,2,3],index=['a','b','c']) #创建一个序列
df1=pd. DataFrame([[1,2,3,4],[5,6,7,8]],columns=['a','b','c','d'])#创建一个表
df2=pd. DataFrame(se)   #利用已有序列创建一个表
```

```
df1. describe()    #描述样本的基本统计量
#注意文件的路径,存储路径不能带有中文,否则读取可能出错
pd. read_excel('.. / temp/ data. xls')     #读取 excel 文件,创建 DataFrame
```

5. StatsModels

StatsModels 主要用于拟合多种统计模型,执行统计测试以及数据探索和可视化。StatsModels 包含有线性模型、广义线性模型和鲁棒线性模型,线性混合效应模型,方差分析(ANOVA)方法,时间序列过程和状态空间模型,广义的矩量法。StatsModels 支持与Pandas 进行数据交互,因此其与 Pandas 结合成为 Python 下强大的数据挖掘组合。

线性方程拟合的示例代码如下:

```
import statsmodels. api as sm
import numpy as np
X = 2 * np. random. rand(100,1)#生产 100 个 1 维随机数
y = 4 + 3 * X +np. random. randn(100,1)#生成满足 y=4+3x 的数据,加入
一些随机值
x1 = sm. add_constant(X) #X 是一维,通过一个简单的函数,就可以增加一个值
为 1 的特征向量,实现了 X2 = np. c_[np. ones((100,1)),X]
models = sm. OLS(y,x1)
rs = models. fit()
print(rs. summary())
```

6. Scikit-Learn

Scikit-Learn 是 Python 常用的机器学习工具库,它提供了完善的机器学习工具箱,包括数据预处理、分类、回归、聚类、预测和模型分析等。此外,Scikit-Learn 还有一些库,如:Nltk(用于自然语言处理)、Scrapy(用于网站数据抓取)、Pattern(用于网络挖掘)、Theano(用于深度学习)等。Scikit-Learn 依赖于 Numpy、Scipy 和 Matplotlib 等,因此,Scikit-Learn 的安装需要提前安装 Numpy Scopy Matplotlib 等模块。

利用 Scikit-Learn 自带的鸢尾花数据集,进行 K 最邻近分类的示例代码如下:

```
from sklearn. model_selection import train_test_split
from sklearn import datasets
#导入 k 近邻函数
from sklearn. neighbors import KNeighborsClassifier
iris = datasets. load_iris()#导入数据和标签
iris_X = iris. data
iris_y = iris. target
```

```
X_train, X_test, y_train, y_test = train_test_split(iris_X, iris_y, test_size=
0.3)  # 划分为训练集和测试集数据
  # 设置 knn 分类器
knn = KNeighborsClassifier()
  # 进行训练
knn.fit(X_train, y_train)
  # 使用训练好的 knn 进行数据预测
print(knn.predict(X_test))
print(y_test)
```

7. Keras

Keras 是深度学习库、人工神经网络和深度学习模型。利用它可以搭建普通的神经网络，也可以搭建各种深度学习模型，如语言处理、图像识别、自编码器、循环神经网络、递归审计网络、卷积神经网络等。基于 Theano 之上，依赖于 Numpy 和 Scipy，因此在安装之前需要先安装 Theano，Numpy 和 Scipy。

Keras 有两种类型的模型，序贯模型（Sequential）和函数式模型（Model），函数式模型应用更为广泛，而序贯模型是函数式模型的一种特殊情况。

（1）序贯模型（Sequential）：之间只有单输入、单输出，一条路通到底，层与层相邻关系，没有跨层连接。这种模型编译速度快，操作也比较简单。

（2）函数式模型（Model）：多输入、多输出，层与层之间任意连接。这种模型编译速度慢。

搭建一个 MLP（多层感知器）的示例代码如下：

```
from keras.models import Sequential
from keras.layers.core import Dense, Dropout, Activation
from keras.optimizers import SGD
  # 选择模型,模型初始化
model = Sequential()
  # 构建网络层
model.add(Dense(30,48)  # 添加输入层 30 个节点,第一隐藏层 48 个节点的
连接
  model.add(Activation('tanh'))  # 第一隐藏层的激活函数采用 tanh
  model.add(Dropout(0.5))  # 采用 50% 的 dropout 防止过拟合
  model.add(Dense(48,48))  # 添加第一隐藏层 48 个节点、第二隐藏层 48 个节点
的连接
  model.add(Activation('tanh'))  # 第二隐藏层的激活函数采用 tanh
  model.add(Dropout(0.5))  # 采用 50% 的 dropout 防止过拟合
```

```
model.add(Dense(48,10))  # 添加第二隐藏层 48 个节点、输出层 10 个节点的连
接,结果是 10 个类别,所以维度是 10
model.add(Activation('softmax'))  # 最后一层用 softmax 作为激活函数
sgd = SGD(lr=0.01, decay=1e-6, momentum=0.9, nesterov=True)  # 优
化函数,设定学习率(lr)等参数
model.compile(loss= 'categorical_crossentropy', optimizer=sgd, class_mode=
'categorical')  # 编译生产模型,使用交叉熵作为 loss 函数(损失函数)
model.fit(X_train,Y_train,nb_epoch=30,batch_size,60)  # 训练模型
scores = model.evaluate(X_test,Y_test,batch_size=60)  # 测试模型
```

8. Gensim

Gensim 是用来做文本主题模型的库,常用于处理语言方面的任务,支持 TF-IDF、LSA、LDA 和 Word2Vec 在内的多种主题模型算法,支持流式训练,并提供了诸如相似度计算、信息检索等一些常用任务的 API 接口。

值得一提的是,Gensim 将词向量构造工具 Word2Vec 编好了,作为它的一个子库。因此,若用户需要使用 Word2Vec 则可以直接使用 Gensim 而无须编译。

Gensim 的 model 使用 word2vec 的示例代码如下:

```
from gensim.models import word2vec
import logging
logging.basicConfig(format='%(asctime)s:%(levelname)s:%(message)s',
level=logging.INFO)  # logging 用于输出训练日志
raw_sentences = ['God is a girl', 'She is only a girl']
sentences = [s.split() for s in raw_sentences]  # 分词
# 用以上句子训练词向量模型
model = word2vec.Word2Vec(sentences, min_count=1)
print(model['sentence'])  # 输出单词的词向量
```

9. Scrapy

Scrapy 是专门为爬虫而生的工具,具有 URL 读取、HTML 解析、存储数据等功能。它可以使用 Twisted 异步网络库来处理网络通信,架构清晰,且包含了各种中间件接口,并且可以灵活地完成各种需求。

Scrapy 框架主要由 5 大组件组成,它们分别是调度器(Scheduler)、下载器(Downloader)、爬虫(Spider)和实体管道(Item Pipeline)、Scrapy 引擎(Scrapy Engine)。下面我们分别介绍各个组件的作用。

1) 调度器

把调度器假设为一个 URL(抓取网页的网址或者链接)的优先队列,由它来决定下一个要抓取的网址是什么,同时去除重复的网址。用户可以根据自己的需求定制调度器。

2）下载器

下载器是所有组件中负担最大的，它用于高速下载网络上的资源。Scrapy 的下载器代码不会太复杂，但效率高，主要的原因是 Scrapy 下载器是建立在 Twisted 这个高效的异步模型上的（其实整个框架都建立在这个模型上）。

3）爬虫

爬虫是用户最关心的部分，用户定制自己的爬虫（通过定制正则表达式等语法），用于从特定的网页中提取自己需要的信息，即所谓的实体。用户也可以从中提取出链接，让 Scrapy 继续抓取下一个页面。

4）实体管道

实体管道，用于处理爬虫（Spider）提取的实体。主要的功能是持久化实体、验证实体的有效性、清除不需要的信息。

5）Scrapy 引擎

Scrapy 引擎是整个框架的核心。它用来控制调试器、下载器、爬虫。实际上，引擎相当于计算机的 CPU，它控制着整个流程。

习　题

1. 什么是关联分析？它的实现方法有哪些？
2. 举例说明关联分析在超市、电信、银行管理中的应用。
3. 什么是聚类分析？聚类分析的方法有哪些？
4. 阐述 Apriori 算法的实现过程，思考该算法可以在哪些地方改进。
5. 分类分析的实现方法有哪些？简述最近邻分类器的主要思想。
6. 什么是离群点检测？离群点检测有哪些方法？

第**4**章

Python 应用:居民消费支出影响因素分析

> **📝 本章知识点**
>
> (1) 了解相关分析及线性回归的基本原理。
>
> (2) 掌握相关分析、一元线性回归、多元线性回归、变量筛选、逐步回归、残差分析等的操作方法,并会绘制残差图。
>
> (3) 构建居民消费支出影响因素分析的回归模型,分析消费及影响因素之间的关联性。
>
> (4) 熟悉变量筛选、逐步回归、残差分析及残差图方法在居民消费支出影响因素回归模型中的应用。

回归分析(regression analysis)是确定两种或两种以上变量间相互依赖的定量关系的一种统计分析方法,运用十分广泛。按照涉及的自变量的多少,可分为一元回归分析和多元回归分析;按照自变量和因变量之间的关系类型,可分为线性回归分析和非线性回归分析。本章主要通过居民消费支出影响因素分析的案例介绍线性回归的 Python 方法,包括相关性分析、一元线性回归、多元线性回归,以及线性回归的相关检验,主要包括变量筛选、逐步回归、R 方检验、D-W 检验、残差分析及残差图等。

4.1　一元线性回归

一元线性回归也称为简单线性回归,模型中只有一个自变量和一个因变量,且二者的关系可用一条直线近似表示。主要有两个目标:一是检验自变量在解释因变量时的显著性;二是给定自变量,预测因变量。其数学公式可表示为

$$Y = \beta_0 + \beta_1 X + \varepsilon$$

其中,Y 表示因变量;β_0 表示截距;β_1 表示回归系数;X 表示自变量;ε 表示扰动项。扰动项 ε 一般假设服从均值为 0 的正态分布。

一元线性回归的原理就是拟合一条直线,使实际值与预测值之差(即残差)的平方和

最小。即

$$\min \sum \epsilon_i^2 = \min \sum (y_i - \hat{y}_i)^2$$

其中，$\hat{y}_i$ 表示线性回归的预测值；y_i 表示实际值。通过最小二乘法可得

$$\hat{\beta}_1 = \frac{\sum\limits_{i=1}^{n}\sum\limits_{i=1}^{n}(x_i - \bar{x})(y_i - \bar{y})}{\sum\limits_{i=1}^{n}(x_i - \bar{x})^2}, \quad \hat{\beta}_0 = \bar{y} - \hat{\beta}_1\bar{x}$$

线性回归拟合优度指标

$$R^2 = \frac{可解释的平方和}{总平方和} = \frac{\sum\limits_{i=1}^{n}(\hat{y}_i - \bar{y})}{\sum\limits_{i=1}^{n}(y_i - \bar{y})} = \frac{SSM}{SST}$$

若 R^2 越大，模型拟合效果就越好。需要检验回归系数是否为0，不为0则为显著。设原假设：$\beta_1 = 0$；备择假设：$\beta_1 \neq 0$。

$$统计量\ t = \frac{\hat{\beta}_1}{S_{\hat{\beta}_1}} \sim t(n-2)$$

4.2　多元线性回归

在一元线性回归基础上，增加更多的自变量，即

$$Y = \beta_0 + \beta_1 X_1 + \beta_2 X_2 + \cdots + \beta_k X_k + \epsilon \qquad (4-1)$$

其中，Y 是因变量；X_1，X_2，$\cdots$，X_k 是自变量；β_1，β_2，$\cdots$，β_k 代表偏回归系数；ϵ 是随机误差项。令 $\beta = \{\beta_0, \beta_1, \beta_2, \cdots, \beta_k\}$，$X = \{1, X_1, X_2, \cdots, X_k\}$，式(4-1)可记为

$$Y = X\beta$$

由最小二乘法可知，目标是使残差最小。$\min \sum \epsilon_i^2 = \min \sum (y - X\beta)^2$，求解得 $\hat{\beta} = (X'X)^{-1}X'y$。使用调整后的 R^2 评价回归的优劣程度，即

$$\bar{R}^2 = 1 - \frac{(n-i)(1-R^2)}{n-p}$$

当有截距项时，i 等于1，反之则等于0；n 为用于拟合该模型的观察值数量；p 为模型中参数的个数。还可以使用 AIC、BIC、P 值等进行评价。

需要检验：

(1) 偏回归系数是否为0，不为0则为显著。

原假设：$\beta_i = 0$；备择假设：$\beta_i \neq 0$　$i = 1, 2, \cdots, k$。

(2) 回归系数是否全部为0。

原假设：$\beta_1 = \beta_2 = \cdots = 0$；备择假设：回归系数不都为0。

统计量服从 F 分布：$F = \dfrac{\mathrm{MS}_M}{\mathrm{MS}_E}$，其中，$\mathrm{MS}_M$ 表示可解释的变异；MS_E 表示不可解释的变异。

4.3　应用实例——居民消费支出影响因素分析

这里我们用到的数据来源于 2021 年《中国统计年鉴》，数据以居民的消费性支出为因变量 y，其他 11 个变量为自变量，其中 x_1 是居民的食品花费，x_2 是衣着花费，x_3 是居住花费，x_4 是生活用品及服务花费，x_5 是交通通信花费，x_6 是医疗保健花费，x_7 是文教娱乐花费，x_8 是职工平均工资，x_9 是地区的人均 GDP，x_{10} 是地区的消费价格指数，x_{11} 是地区的失业率。在这所有变量里面，x_1 至 x_9 以及 y 的单位是元，x_{11} 是百分数，x_{10} 没有单位，因为其是消费价格指数。部分数据如下：

	A	B	C	D	E	F	G	H	I	J	K	L
1	消费性支出 y	食品烟酒 x_1	衣着花费 x_2	居住花费 x_3	生活用品及服务 x_4	交通通信 x_5	医疗保健花费 x_6	文教娱乐花费 x_7	职工平均工资 x_8	人均GDP x_9	消费价格指数 x_{10}	失业率 x_{11}
2	41726.3	8751.4	1924	17163.1	2306.7	3925.2	3755	3020.7	178178	164889	101.7	2.6
3	30894.7	9122.2	1860.4	7770	1804.1	4045.7	2811	2530.6	114682	101614	102	3.6
4	23167.4	6234.6	1667.4	5996	1540.6	2798.3	1988.8	2412.2	77323	48564	102.1	3.5
5	20331.9	5304.4	1671	4452.3	1149.4	2687.2	2421.2	2150.2	74739	50528	102.9	3.1
6	23887.7	6690.6	2123.5	5149.3	1472.9	3724.4	2039.8	2099.5	85310	72062	101.9	3.8
7	24849.1	7334	1717.8	5503.6	1372.7	3046.5	2595.2	2371.4	77995	50800	102.3	4.6
8	21623.2	6040.8	1749.7	4597.2	1236.5	2770.2	2396.4	2187.7	77995	50800	102.3	3.4
9	20397.3	6029.5	1615	4449.4	1142.1	2436.1	2350.7	1891.1	74554	42635	102.3	3.4
10	44839.3	11515.1	1763.5	16465.1	2177.5	4677.1	3188.7	3962.6	171884	155768	101.7	3.7
11	30882.2	8291.7	1768	9388.4	1809	3994.6	2173.7	2728.2	103621	121231	102.5	3.2
12	36196.9	9913.7	2035.5	10664.7	2073.1	4987.6	2162.1	3449.7	108645	100620	102.3	2.8
13	22682.7	7400.8	1548.9	5348.9	1358.6	2674.1	1637.6	2283.1	85854	63426	102.7	2.8
14	30486.5	9673	1443.5	9355.8	1519.3	3755.2	1773.8	2300.9	88149	105818	102	3.8
15	22134.3	6949.1	1354.5	5315.6	1233.9	2856.8	1724.3	2262.3	78182	56871	102.6	3.2
16	27291.1	7318.6	2012.5	5972.9	2148.7	3688.4	2298.1	3204.5	87749	72151	102.8	3.1
17	20644.9	5584.3	1620	4992.8	1413.8	2391.8	1899.3	2141.9	70239	55435	102.8	3.2
18	22885.5	7112.4	1472.3	5774.3	1316	2852.5	1922.3	2040.8	85052	74440	102.7	3.4
19	26796.4	7807.1	1778.4	5465.5	1708.7	3722.5	2350.5	3360.8	79122	62900	102.3	2.7
20	33511.3	10794.7	1282.1	9457.9	1895.3	4626.3	1748.6	2958.7	108045	88210	102.6	2.5
21	20906.5	7091.9	874.1	4645.1	1232.9	2601.8	1903.4	2181.1	82751	44309	102.8	2.8
22	23559.9	8896.1	896.8	5463.9	1140	2677.5	1668.3	2383.2	86609	55131	102.3	2.8
23	26464.4	8618.8	1918	4970.8	1897.3	3290.8	2445.3	2648.3	93816	78170	102.5	4.5
24	25133.2	8741.1	1674.5	4951.4	1599.6	3052.2	2193.4	2253	88559	58126	103.2	3.6
25	20587	6568.4	1436	3929.1	1319.7	3168.4	1706.6	2001.3	89228	46267	102.6	3.8
26	24569.4	6851.9	1434.4	5310.2	1486.7	4092.4	2317.7	2531.1	93133	51975	103.6	3.9
27	24927.4	8637.7	2303.1	5855.3	1827.7	3621.1	1098.9	1015.1	121005	52345	102.2	2.9
28	22866.4	6295.8	1649.8	4887.6	1622.3	2855.2	2608.4	2387.2	83520	66292	102.5	3.6
29	24614.6	7068.2	1859.4	5786.6	1662	3081.4	2090.5	2426.7	79730	35995	102	3.3
30	24315.2	6754.1	1770.5	5053.7	1509.6	4076.4	2524.6	2043.1	101401	50819	102.6	2.1
31	22379.1	6068.3	1776.3	4319.2	1383.5	3680.3	2267.3	2250.3	97438	54528	101.5	3.9
32	22951.8	7194.3	1616.8	4483.1	1500.8	3413.5	2349.1	1778.2	86343	53593	101.5	2.4

4.3.1　准备工作

（1）首先引入所需要的包。

```python
import matplotlib.pyplot as plt
import numpy as np
import pandas as pd
import statsmodels.api as sm
from statsmodels.formula.api import ols
```

（2）导入数据。

```
filename=r'C:\Users\LENOVO\Desktop\Linear1.xlsx'
data = pd.read_excel(filename)
```

描述性分析：

```
print(data.describe(include='all'))
```

运行结果如下：

	y	x1	...	x10	x11
count	31.000000	31.000000	...	31.000000	31.000000
mean	26080.761290	7634.019355	...	102.383871	3.290323
std	6043.744309	1519.588470	...	0.467687	0.580434
min	20331.900000	5304.400000	...	101.500000	2.100000
25%	22530.900000	6629.500000	...	102.150000	2.800000
50%	24315.200000	7194.300000	...	102.300000	3.300000
75%	27043.750000	8689.400000	...	102.650000	3.650000
max	44839.300000	11515.100000	...	103.600000	4.600000

比如，居民消费支出 y 的均值为 26 080.76,标准差为 6 043.74,最小值为 20 331.9,最大值为 44 839.3,25%分位数为 22 530.9,50%分位数为 24 315.2,75%分位数为 27 043.75。其他变量以此类推。

（3）对数据进行相关性分析：

```
corr1=data[['y','x1','x2','x3','x4','x5','x6','x7','x8','x9','x10','x11']].corr
(method='pearson')
    print(corr1)
```

运行结果如下：

	y	x1	x2	...	x9	x10	x11
y	1.000000	0.823898	0.275984	...	0.919567	-0.348950	-0.096938
x1	0.823898	1.000000	0.034571	...	0.694428	-0.211025	-0.088251
x2	0.275984	0.034571	1.000000	...	0.235787	-0.345255	0.133188
x3	0.957215	0.712748	0.190224	...	0.933721	-0.360224	-0.138964
x4	0.835329	0.652191	0.556369	...	0.725616	-0.271996	-0.105099
x5	0.774699	0.685557	0.374215	...	0.622800	-0.233168	-0.138018

x6	0.536114	0.117451	0.273621	...	0.564891	-0.304313	0.100871
x7	0.737927	0.542516	0.071798	...	0.635152	-0.092347	0.000065
x8	0.868499	0.656553	0.296088	...	0.828843	-0.401231	-0.144377
x9	0.919567	0.694428	0.235787	...	1.000000	-0.344101	-0.017143
x10	-0.348950	-0.211025	-0.345255	...	-0.344101	1.000000	0.020281
x11	-0.096938	-0.088251	0.133188	...	-0.017143	0.020281	1.000000

可以看到，跟因变量 y 相关性比较高的自变量有 x_1, x_3, x_8, x_9 等。

4.3.2　一元线性回归分析

我们先选取因变量居民消费性支出（y）与自变量人均 GDP（x_9）做一元线性回归，代码如下：

```
filename=r'C:\Users\LENOVO\Desktop\Linear1.xlsx'
data= pd.read_excel(filename)
result1 = ols('y~x9',data=data).fit() #模型拟合
print(result1.summary()) #模型描述
```

运行结果如下：

```
                            OLS Regression Results
==============================================================================
Dep. Variable:                      y   R-squared:                       0.846
Model:                            OLS   Adj. R-squared:                  0.840
Method:                 Least Squares   F-statistic:                     158.8
Date:                Sat, 08 Oct 2022   Prob (F-statistic):           2.73e-13
Time:                        14:22:27   Log-Likelihood:                -284.43
No. Observations:                  31   AIC:                             572.9
Df Residuals:                      29   BIC:                             575.7
Df Model:                           1
Covariance Type:            nonrobust
==============================================================================
                 coef    std err          t      P>|t|      [0.025      0.975]
------------------------------------------------------------------------------
Intercept    1.352e+04   1086.833     12.442      0.000    1.13e+04    1.57e+04
x9              0.1774      0.014     12.603      0.000       0.149       0.206
==============================================================================
Omnibus:                        1.359   Durbin-Watson:                   2.539
Prob(Omnibus):                  0.507   Jarque-Bera (JB):                1.282
Skew:                           0.439   Prob(JB):                        0.527
Kurtosis:                       2.529   Cond. No.                     1.93e+05
==============================================================================
```

可以看出,回归系数为0.1774,显著;截距为1.352e+04,显著。回归方程如下:

$$y = 13\,520 + 0.177\,4x_9$$

即人均GDP每增加1个单位,居民消费支出y增加0.1774单位。模型的summary会输出3个表格展示模型概况,其中包括基本信息、回归系数及显著性、其他模型诊断信息。模型R^2为0.846,调整R^2为0.84,F值为158.8,显著。对数似然值为-284.43,AIC值和BIC值分别为572.9、575.7。$D-W$值为2.539,接近2,可以认为模型基本满足不存在残差自相关的条件。其他单变量回归可以类似分析。

接下来我们进行y和x_7的一元线性回归,代码如下:

```
filename=r'C:\Users\LENOVO\Desktop\Linear1.xlsx'
data= pd.read_excel(filename)
result2 = ols('y~x7',data=data).fit() #模型拟合
print(result2.summary()) #模型描述
```

结果如下:

```
                          OLS Regression Results
==============================================================================
Dep. Variable:                  y   R-squared:                       0.545
Model:                        OLS   Adj. R-squared:                  0.529
Method:             Least Squares   F-statistic:                     34.67
Date:            Sat, 08 Oct 2022   Prob (F-statistic):           2.17e-06
Time:                    14:22:27   Log-Likelihood:                -301.20
No. Observations:              31   AIC:                             606.4
Df Residuals:                  29   BIC:                             609.3
Df Model:                       1
Covariance Type:        nonrobust
==============================================================================
                 coef    std err          t      P>|t|      [0.025      0.975]
------------------------------------------------------------------------------
Intercept   6709.4412   3373.157      1.989      0.056    -189.439    1.36e+04
x7             7.9796      1.355      5.888      0.000       5.208      10.751
==============================================================================
Omnibus:                        8.814   Durbin-Watson:                   1.834
Prob(Omnibus):                  0.012   Jarque-Bera (JB):                7.315
Skew:                           1.107   Prob(JB):                       0.0258
Kurtosis:                       3.875   Cond. No.                     1.13e+04
==============================================================================
```

4.3.3　多元线性回归分析

接下来我们对所有变量做多元线性回归，先导入数据并显示数据：

```
filename=r'C:\Users\LENOVO\Desktop\Linear1.xlsx'
data = pd.read_excel(filename)
print(data.head())
```

结果如下（部分）：

```
        y       x1      x2       x3       x4  ...      x8      x9    x10  x11
0  41726.3  8751.4  1924.0  17163.1  2306.7  ...  178178  164889  101.7  2.6
1  30894.7  9122.2  1860.4   7770.0  1804.1  ...  114682  101614  102.0  3.6
2  23167.4  6234.6  1667.4   5996.0  1540.6  ...   77323   48564  102.1  3.5
3  20331.9  5304.4  1671.0   4452.3  1149.4  ...   74739   50528  102.9  3.1
4  23887.7  6690.6  2123.5   5149.3  1472.9  ...   85310   72062  101.9  3.8
```

建立多元线性回归模型：

```
result3 = ols('y~x1+x2+x3+x4+x5+x6+x7+x8+x9+x10+x11',data=data).fit() #模型拟合
print(result3.summary()) #模型描述
```

运行结果如下：

```
                           OLS Regression Results
==============================================================================
Dep. Variable:                      y   R-squared:                     1.000
Model:                            OLS   Adj.R-squared:                 1.000
Method:                 Least Squares   F-statistic:                1.448e+04
Date:                Sat, 08 Oct 2022   Prob (F-statistic):          7.82e-35
Time:                        14:22:27   Log-Likelihood:               -173.36
No. Observations:                  31   AIC:                           370.7
Df Residuals:                      19   BIC:                           387.9
Df Model:                          11
Covariance Type:            nonrobust
==============================================================================
                 coef    std err        t     P>|t|     [0.025    0.975]
------------------------------------------------------------------------------
Intercept   1719.9412   4006.355    0.429     0.673  -6665.457  1.01e+04
```

x1	1.0625	0.022	49.274	0.000	1.017	1.108
x2	1.1678	0.090	12.979	0.000	0.979	1.356
x3	1.0328	0.018	56.366	0.000	0.994	1.071
x4	0.9682	0.125	7.760	0.000	0.707	1.229
x5	1.0577	0.039	27.204	0.000	0.976	1.139
x6	1.1830	0.053	22.417	0.000	1.073	1.293
x7	0.9752	0.056	17.392	0.000	0.858	1.093
x8	-0.0028	0.002	-1.580	0.131	-0.007	0.001
x9	-0.0019	0.001	-1.264	0.222	-0.005	0.001
x10	-22.9209	38.627	-0.593	0.560	-103.767	57.926
x11	59.4467	30.276	1.964	0.064	-3.921	122.815

===

Omnibus:	5.470	Durbin-Watson:	2.377
Prob(Omnibus):	0.065	Jarque-Bera (JB):	3.862
Skew:	0.798	Prob(JB):	0.145
Kurtosis:	3.664	Cond. No.	3.34e+07

可以看到,调整 R^2 为1,通过了 F 检验,$D-W$ 值为2.377。

4.3.4 逐步回归分析

这里要注意 x_1 到 x_{11} 这11个变量被看作是一个整体,y 与这个整体有显著的线性关系,但不代表 y 与其中的每个自变量都有显著的线性关系,我们在这里要找出那些与 y 的线性关系不显著的自变量,然后把它们剔除,只留下关系显著的,这就是前面说过的 t 检验,t 检验的原理内容有些复杂,有兴趣的读者可以自行查阅资料,这里不再赘述。我们可以通过"$P>|t|$"这一列来判断,这一列中我们可以选定一个阈值,比如统计学常用的就是0.05、0.02或0.01,这里我们就用0.05,凡是 $P>|t|$ 这列中数值大于0.05的自变量,我们都把它剔除掉,这些就是和 y 线性关系不显著的自变量,所以都舍去,请注意这里指的自变量是 x_1 到 x_{11},不包括常数项。但是这里有一个原则,就是一次只能剔除一个,剔除的这个往往是 P 值最大的那个,比如 P 值最大的是 x_{10},那么就把它剔除掉,然后再用剩下的 x_1、x_2、x_3、x_4、x_5、x_6、x_7、x_8、x_9、x_{11} 来重复上述建模过程,再找出 P 值最大的那个自变量,把它剔除,如此重复这个过程,直到所有 P 值都小于等于0.05为止,剩下的这些自变量就是我们需要的自变量,这些自变量和 y 的线性关系都比较显著,我们要用这些自变量来进行建模。代码如下:

```
file = r'C:\Users\LENOVO\Desktop\Linear1.xlsx'
data = pd.read_excel(file)
data.columns= ['y', 'x1', 'x2', 'x3', 'x4', 'x5', 'x6', 'x7', 'x8', 'x9', 'x10', 'x11']
def looper(limit):
```

```
cols = ['x1','x2','x3','x4','x5','x6','x7','x8','x9','x10','x11']
for i in range(len(cols)):
    data1 = data[cols]
    x = sm.add_constant(data1) #生成自变量
    y = data['y'] #生成因变量
    model = sm.OLS(y,x) #生成模型
    result = model.fit() #模型拟合
        pvalues = result.pvalues #得到结果中所有P值
    pvalues.drop('const',inplace=True) #取得const
    pmax = max(pvalues) #选出最大的P值
    if pmax>limit:
        ind = pvalues.idxmax() #找出最大P值的index
        cols.remove(ind) #把这个index从cols中删除
    else:
        return result
result = looper(0.05)
print(result.summary())
```

也可以选择 AIC 作为决策的标准,采用向前逐步回归法,代码如下：

```
def forward_select(data,response):
    remaining=set(data.columns)
    remaining.remove(response)
    selected=[]
    current_score,best_new_score=float('inf'),float('inf')
    while remaining:
        aic_with_candidates=[]
        for candidate in remaining:
            formula="{}~{}".format(
                response,'+'.join(selected+[candidate]))
            aic=ols(
                formula=formula,data=data).fit().aic
            aic_with_candidates.append((aic,candidate))
        aic_with_candidates.sort(reverse=True)
        best_new_score,best_candidate=aic_with_candidates.pop()
        if current_score>best_new_score:
            remaining.remove(best_candidate)
            selected.append(best_candidate)
```

```
                current_score=best_new_score
            print('aic is {},continuing!'.format(current_score))
        else:
            print('forward selection over!')
            break
    formula = "{} ~ {}".format(response,'+'.join(selected))
    print('final formula is {}'.format(formula))
    model = ols(formula=formula, data=data).fit()
    return(model)
candidates=['y',"x1",'x2','x3','x4','x5','x6','x7','x8','x9','x10','x11']
data_for_select=data[candidates]
lm_m=forward_select(data=data_for_select,response='y')
print(lm_m.summary())
```

筛选变量以后回归结果如下：

OLS Regression Results

===

Dep. Variable:	y	R-squared:	1.000
Model:	OLS	Adj. R-squared:	1.000
Method:	Least Squares	F-statistic:	2.027e+04
Date:	Sat, 08 Oct 2022	Prob (F-statistic):	4.95e-42
Time:	15:29:49	Log-Likelihood:	-178.11
No. Observations:	31	AIC:	372.2
Df Residuals:	23	BIC:	383.7
Df Model:	7		
Covariance Type:	nonrobust		

===

	coef	std err	t	P>|t|	[0.025	0.975]
const	-583.9531	169.978	-3.435	0.002	-935.580	-232.327
x1	1.0660	0.021	50.501	0.000	1.022	1.110
x2	1.2468	0.084	14.831	0.000	1.073	1.421
x3	1.0019	0.010	101.335	0.000	0.981	1.022
x4	0.8429	0.120	7.044	0.000	0.595	1.090
x5	1.0258	0.039	26.456	0.000	0.946	1.106
x6	1.1559	0.047	24.449	0.000	1.058	1.254

x7	1.0422	0.047	22.361	0.000	0.946	1.139

==

Omnibus:	11.136	Durbin-Watson:	2.320
Prob(Omnibus):	0.004	Jarque-Bera (JB):	10.405
Skew:	1.113	Prob(JB):	0.00550
Kurtosis:	4.761	Cond. No.	1.26e+05

==

可以看出，不显著的变量已经被自动删除了，回归方程为

$$y = -583.953\,1 + 1.066x_1 + 1.246\,8x_2 + 1.001\,9x_3 + 0.842\,9x_4 +$$
$$1.025\,8x_5 + 1.155\,9x_6 + 1.042\,2x_7$$

调整 R^2 为1；通过了 F 检验，方程显著（回归系数不全为0），说明回归方程有意义；$D-W$ 值为 2.32，接近 2，说明模型不存在残差自相关。回归方程中与因变量 y 线性相关程度比较高的自变量 x_9 被删除，其原因可能是 x_9 与其他自变量存在严重的多重共线性。

4.3.5 残差图

生成的模型可以使用 predict 函数产生预测值，而 resid 函数可以保留残差。

```
DD = pd. DataFrame([lm_m. predict(data), lm_m. resid], index = ['predict',
'resid']). T. head()
    print(DD)
```

结果如下：

	predict	resid
0	41776.005425	−49.705425
1	30787.885536	106.814464
2	23188.720479	−21.320479
3	20355.404636	−23.504636
4	23959.986545	−72.286545

接下来我们观察残差图（见图 4-1），以一元线性回归 $y \sim x_9$ 为例。

```
import matplotlib. pyplot as plt
data['Pred'] = result1. predict(data)
data['resid'] = result1. resid
data. plot('y', 'resid', kind = 'scatter')
plt. show()
```

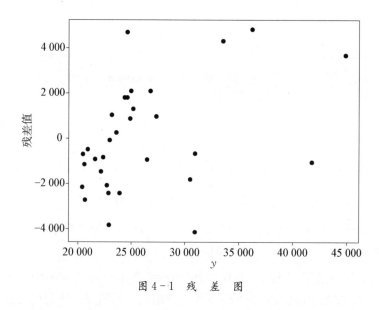

图 4 - 1 残 差 图

对被解释变量 y 取对数并重新建模,其散点图如图 4 - 2 所示。

```
model = ols('lny~x9',data=data) #生成模型
result4 = model.fit() #模型拟合
data['Pred']= result4.predict(data)
data['resid']= result4.resid
data.plot('lny','resid',kind='scatter')
plt.show()
```

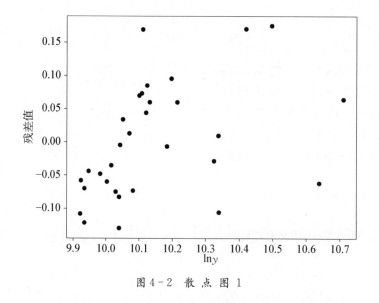

图 4 - 2 散 点 图 1

对被解释变量 x_9 和解释变量 y 都取对数并重新建模,其散点图如图 4 - 3 所示。

```
model = ols('lny~lnx7',data=data)  #生成模型
result5 = model.fit()  #模型拟合
data['Pred'] = result5.predict(data)
data['resid'] = result5.resid
data.plot('lny','resid',kind='scatter')
plt.show()
```

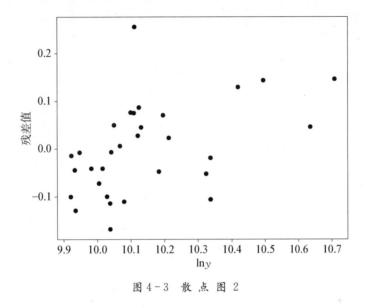

图4-3 散 点 图 2

可以比较下3种情况下的R^2：

```
r_sq = {'y~x9':result1.rsquared,'lny~x9':result4.rsquared,'lny~lnx9':
result5.rsquared}
    print(r_sq)
```

结果如下：

```
{'y~x9': 0.8456028043426387, 'lny~x9': 0.8202961716821042, 'lny~lnx9':
0.7793736482095444}
```

─────────────── | 习　题 | ───────────────

1. 请参照案例中的逐步回归方法，思考并对其他种类的逐步回归模型进行编程。

2. 思考其他的线性回归诊断并编程检验，比如强影响点分析、多重共线性分析、方差膨胀因子、G-Q检验、异方差检验、方差齐性检验、相关性检验、独立性检验等。

3. 什么是偏回归系数,它与简单线性回归的回归系数有什么不同?

4. 多元线性回归分析中,为什么要对 R^2 加以修正?修正 R^2 与 F 检验之间有何区别与联系?

5. 如何进行 $D-W$ 检验?检验的目的是什么?

6. 图4-4是一份3种广告方式的投入与销售量数据,请利用线性回归进行建模分析。

A	TV	Radio	Newspaper	Sales
1	230.1	37.8	69.2	22.1
2	44.5	39.3	45.1	10.4
3	17.2	45.9	69.3	9.3
4	151.5	41.3	58.5	18.5
5	180.8	10.8	58.4	12.9
6	8.7	48.9	75	7.2
7	57.5	32.8	23.5	11.8
8	120.2	19.6	11.6	13.2
9	8.6	2.1	1	4.8
10	199.8	2.6	21.2	10.6
11	66.1	5.8	24.2	8.6
12	214.7	24	4	17.4
13	23.8	35.1	65.9	9.2
14	97.5	7.6	7.2	9.7
15	204.1	32.9	46	19
16	195.4	47.7	52.9	22.4
17	67.8	36.6	114	12.5
18	281.4	39.6	55.8	24.4
19	69.2	20.5	18.3	11.3
20	147.3	23.9	19.1	14.6
21	218.4	27.7	53.4	18
22	237.4	5.1	23.5	12.5
23	13.2	15.9	49.6	5.6
24	228.3	16.9	26.2	15.5
25	62.3	12.6	18.3	9.7
26	262.9	3.5	19.5	12
27	142.9	29.3	12.6	15
28	240.1	16.7	22.9	15.9
29	248.8	27.1	22.9	18.9
30	70.6	16	40.8	10.5
31	292.9	28.3	43.2	21.4
32	112.9	17.4	38.6	11.9
33	97.2	1.5	30	9.6
34	265.6	20	0.3	17.4
35	95.7	1.4	7.4	9.5
36	290.7	4.1	8.5	12.8
37	266.9	43.8	5	25.4
38	74.7	49.4	45.7	14.7
39	43.1	26.7	35.1	10.1
40	228	37.7	32	21.5
41	202.5	22.3	31.6	16.6
42	177	33.4	38.7	17.1
43	293.6	27.7	1.8	20.7
44	206.9	8.4	26.4	12.9
45	25.1	25.7	43.3	8.5
46	175.1	22.5	31.5	14.9
47	89.7	9.9	35.7	10.6
48	239.9	41.5	18.5	23.2
49	227.2	15.8	49.9	14.8
50	66.9	11.7	36.8	9.7
51	199.8	3.1	34.6	11.4
52	100.4	9.6	3.6	10.7
53	216.4	41.7	39.6	22.6
54	182.6	46.2	58.7	21.2
55	262.7	28.8	15.9	20.2
56	198.9	49.4	60	23.7
57	7.3	28.1	41.4	5.5
58	136.2	19.2	16.6	13.2
59	210.8	49.6	37.7	23.8
60	210.7	29.5	9.3	18.4
61	53.5	2	21.4	8.1
62	261.3	42.7	54.7	24.2
63	239.3	15.5	27.3	15.7
64	102.7	29.6	8.4	14
65	131.1	42.8	28.9	18
66	69	9.3	0.9	9.3
67	31.5	24.6	2.2	9.5
68	139.3	14.5	10.2	13.4
69	237.4	27.5	11	18.9
70	216.8	43.9	27.2	22.3
71	199.1	30.6	38.7	18.3
72	109.8	14.3	31.7	12.4
73	26.8	33	19.3	8.8
74	129.4	5.7	31.3	11
75	213.4	24.6	13	17
76	16.9	43.7	89.4	8.7
77	27.5	1.6	20.7	6.9
78	120.5	28.5	14.2	14.2
79	5.4	29.9	9.4	5.3
80	116	7.7	23.1	11
81	76.4	26.7	22.3	11.8
82	239.8	4.1	36.9	12.3
83	75.3	20.3	32.5	11.3
84	68.4	44.5	35.6	13.6
85	213.5	43	33.8	21.7
86	193.2	18.4	65.7	15.2
87	76.3	27.5	16	12
88	110.7	40.6	63.2	16
89	88.3	25.5	73.4	12.9
90	109.8	47.8	51.4	16.7
91	134.3	4.9	9.3	11.2
92	28.6	1.5	33	7.3
93	217.7	33.5	59	19.4
94	250.9	36.5	72.3	22.2
95	107.4	14	10.9	11.5
96	163.3	31.6	52.9	16.9
97	197.6	3.5	5.9	11.7
98	184.9	21	22	15.5
99	289.7	42.3	51.2	25.4
100	135.2	41.7	45.9	17.2
101	222.4	4.3	49.8	11.7
102	296.4	36.3	100.9	23.8
103	280.2	10.1	21.4	14.8
104	187.9	17.2	17.9	14.7
105	238.2	34.3	5.3	20.7
106	137.9	46.4	59	19.2
107	25	11	29.7	7.2
108	90.4	0.3	23.2	8.7
109	13.1	0.4	25.6	5.3
110	255	26.9	5.5	19.8
111	225.8	8.2	56.5	13.4
112	241.7	38	23.2	21.8
113	175.7	15.4	2.4	14.1
114	209.6	20.6	10.7	15.9
115	78.2	46.8	34.5	14.6
116	75.1	35	52.7	12.6
117	139.2	14.3	25.6	12.2
118	76.4	0.8	14.8	9.4
119	125.7	36.9	79.2	15.9
120	19.4	16	22.3	6.6
121	141.3	26.8	46.2	15.5
122	18.8	21.7	50.4	7
123	224	2.4	15.6	11.6
124	123.1	34.6	12.4	15.2
125	229.5	32.3	74.2	19.7
126	87.2	11.8	25.9	10.6
127	7.8	38.9	50.6	6.6
128	80.2	0	9.2	8.8
129	220.3	49	3.2	24.7
130	59.6	12	43.1	9.7
131	0.7	39.6	8.7	1.6
132	265.2	2.9	43	12.7
133	8.4	27.2	2.1	5.7
134	219.8	33.5	45.1	19.6
135	36.9	38.6	65.6	10.8
136	48.3	47	8.5	11.6
137	25.6	39	9.3	9.5
138	273.7	28.9	59.7	20.8
139	43	25.9	20.5	9.6
140	184.9	43.9	1.7	20.7
141	73.4	17	12.9	10.9
142	193.7	35.4	75.6	19.2
143	220.5	33.2	37.9	20.1
144	104.6	5.7	34.4	10.4
145	96.2	14.8	38.9	11.4
146	140.3	1.9	9	10.3
147	240.1	7.3	8.7	13.2
148	243.2	49	44.3	25.4
149	38	40.3	11.9	10.9
150	44.7	25.8	20.6	10.1
151	280.7	13.9	37	16.1
152	121	8.4	48.7	11.6
153	197.6	23.3	14.2	16.6
154	171.3	39.7	37.7	19
155	187.8	21.1	9.5	15.6
156	4.1	11.6	5.7	3.2
157	93.9	43.5	50.5	15.3
158	149.8	1.3	24.3	10.1
159	11.7	36.9	45.2	7.3
160	131.7	18.4	34.6	12.9
161	172.5	18.1	30.7	14.4
162	85.7	35.8	49.3	13.3
163	188.4	18.1	25.6	14.9
164	163.5	36.8	7.4	18
165	117.2	14.7	5.4	11.9
166	234.5	3.4	84.8	11.9
167	17.9	37.6	21.6	8
168	206.8	5.2	19.4	12.2
169	215.4	23.6	57.6	17.1
170	284.3	10.6	6.4	15
171	50	11.6	18.4	8.4
172	164.5	20.9	47.4	14.5
173	19.6	20.1	17	7.6
174	168.4	7.1	12.8	11.7
175	222.4	3.4	13.1	11.5
176	276.9	48.9	41.8	27
177	248.4	30.2	20.3	20.2
178	170.2	7.8	35.2	11.7
179	276.7	2.3	23.7	11.8
180	165.6	10	17.6	12.6
181	156.6	2.6	8.3	10.5
182	218.5	5.4	27.4	12.2
183	56.2	5.7	29.7	8.7
184	287.6	43	71.8	26.2
185	253.8	21.3	30	17.6
186	205	45.1	19.6	22.6
187	139.5	2.1	26.6	10.3
188	191.1	28.7	18.2	17.3
189	286	13.9	3.7	15.9
190	18.7	12.1	23.4	6.7
191	39.5	41.1	5.8	10.8
192	75.5	10.8	6	9.9
193	17.2	4.1	31.6	5.9
194	166.8	42	3.6	19.6
195	149.7	35.6	6	17.3
196	38.2	3.7	13.8	7.6
197	94.2	4.9	8.1	9.7
198	177	9.3	6.4	12.8
199	283.6	42	66.2	25.5
200	232.1	8.6	8.7	13.4

图4-4 3种广告方式的投入与销售量数据

第 5 章

Python 应用：贷款违约预测

📝 本章知识点

(1) 了解单变量 Logistic 回归、多变量 Logistic 回归、变量筛选、逐步 Logistic 回归的基本原理。

(2) 了解决策树建树、剪树、Quinlan 系列决策树和 CART 决策树、ID3 算法及 C4.5 算法及决策树可视化的基本原理。

(3) 掌握单变量 Logistic 回归、多变量 Logistic 回归、变量筛选、逐步 Logistic 回归的操作步骤。

(4) 构建贷款违约预测的 Logistic 回归模型、分析违约概率。

(5) 掌握决策树建树的标准(信息增益、信息增益率、基尼指数)、决策树剪树(预剪枝和后剪枝)、决策树可视化的操作步骤。

(6) 构建贷款违约预测的决策树模型并进行可视化分析。

贷款违约预测是风险管理领域常见的问题之一,因变量取违约或者不违约,适合用 Logistic 回归或者决策树方法处理。其中 Logistic 回归是一种广义的线性回归分析模型,常用于数据挖掘,疾病自动诊断,经济预测等领域。决策树是一种机器学习的方法,是一种树形结构,其中每个内部节点表示一个属性上的判断,每个分支代表一个判断结果的输出,最后每个叶节点代表一种分类结果,生成算法有 ID3, C4.5 和 C5.0 等。本章通过贷款违约预测案例介绍 Logistic 回归和决策树的 Python 实现,主要包括单变量 Logistic 回归、多变量 Logistic 回归、变量筛选、逐步 Logistic 回归;以及决策树的建树和剪枝。

5.1 Logistic 回归

Logistic 回归属于概率型非线性回归,分为二分类和多分类的回归模型。对于二分类的 Logistic 回归,因变量 y 只有"是、否"两个取值,记为 1 和 0。假设当自变量为 x_1, x_2, $\cdots$, x_p 时,y 取"是"的概率为 p,则取"否"的概率为 $1-p$。

5.1.1　Logistic 函数

Logistic 回归中因变量取值只有 1 和 0（是或否、发生或不发生）。假设自变量 x_1，x_2，$\cdots$，x_p 作用下，记 y 取 1 的概率是 $p=P(y=1\mid X)$，取 0 的概率是 $1-p$。取 1 和 0 的概率之比为 $\dfrac{p}{1-p}$，称为事件的优势比（odds），对 odds 取自然对数即得 Logistic 变换 $\mathrm{Logit}(p)=\ln\left(\dfrac{p}{1-p}\right)$。

令 $\mathrm{Logit}(p)=\ln\left(\dfrac{p}{1-p}\right)=z$，则 $p=\dfrac{1}{1+\mathrm{e}^{-z}}$ 即为 Logistic 函数。当 p 在 $(0,1)$ 之间变化时，odds 的取值范围是 $(0,+\infty)$，则 $\ln\left(\dfrac{p}{1-p}\right)$ 的取值范围是 $(-\infty,+\infty)$。

5.1.2　Logistic 回归

Logistic 回归的模型为 $\ln\left(\dfrac{p}{1-p}\right)=\beta_0+\beta_1 x_1+\cdots+\beta_p x_p+\varepsilon$。

因为 $\ln\left(\dfrac{p}{1-p}\right)$ 的取值范围是 $(-\infty,+\infty)$，因此自变量 x_1，x_2，$\cdots$，x_p 可在任意范围内取值。记 $g(x)=\beta_0+\beta_1 x_1+\cdots+\beta_p x_p$，得到：

$$p=P(y=1\mid X)=\frac{1}{1+\mathrm{e}^{-g(x)}},\ 1-p=P(y=0\mid X)=1-\frac{1}{1+\mathrm{e}^{-g(x)}}=\frac{1}{1+\mathrm{e}^{g(x)}}$$

$$\frac{p}{1-p}=\mathrm{e}^{\beta_0+\beta_1 x_1+\cdots+\beta_p x_p+\varepsilon}$$

其中，β_0：在没有自变量，即 x_1，x_2，$\cdots$，x_p 全部取 0，$y=1$ 与 $y=0$ 发生概率之比的自然对数；β_i：某自变量 x_i 变化时，即 $x_i=1$ 与 $x_i=0$ 相比，$y=1$ 优势比的对数值。

5.1.3　应用 Logistic 模型预测银行贷款违约情况

图 5-1 是一份银行贷款违约数据（部分截取），拟使用 Logistic 模型预测银行贷款违约情况。其中因变量 y 代表是否违约，是个二分变量，取值为 1 表示违约，0 表示不违约。自变量分别为：x_1 表示贷款人年龄；x_2 表示教育水平；x_3 表示工龄；x_4 表示贷款人地址；x_5 表示收入；x_6 表示负债率；x_7 表示信用卡负债；x_8 表示其他负债。

1. 准备工作

首先引入需要的包：

```
import numpy as np
import pandas as pd
import statsmodels. api as sm
import statsmodels. formula. api as smf
```

	A	B	C	D	E	F	G	H	I
1	年龄x1	教育x2	工龄x3	地址x4	收入x5	负债率x6	信用卡负债x7	其他负债x8	违约y
2	41	3	17	12	176	9.3	11.36	5.01	1
3	27	1	10	6	31	17.3	1.36	4	0
4	40	1	15	14	55	5.5	0.86	2.17	0
5	41	1	15	14	120	2.9	2.66	0.82	0
6	24	2	2	0	28	17.3	1.79	3.06	1
7	41	2	5	5	25	10.2	0.39	2.16	0
8	39	1	20	9	67	30.6	3.83	16.67	0
9	43	1	12	11	38	3.6	0.13	1.24	0
10	24	1	3	4	19	24.4	1.36	3.26	1
11	36	1	0	13	25	19.7	2.78	2.15	0
12	27	1	0	1	16	1.7	0.18	0.09	0
13	25	1	4	0	23	5.2	0.25	0.94	0
14	52	1	24	14	64	10	3.93	2.47	0
15	37	1	6	9	29	16.3	1.72	3.01	0
16	48	1	22	15	100	9.1	3.7	5.4	0
17	36	2	9	6	49	8.6	0.82	3.4	1
18	36	2	13	6	41	16.4	2.92	3.81	1
19	43	1	23	19	72	7.6	1.18	4.29	0
20	39	1	6	9	61	5.7	0.56	2.91	0

图 5-1　某银行贷款违约数据(部分截图)

导入数据：

```
filename=r'C:\Users\LENOVO\Desktop\example\Linear22.xlsx'
data= pd.read_excel(filename)
print(data.head())
```

将数据集随机地划分为训练集和测试集，其中训练集用于模型的训练，测试集用于检验模型：

```
train = data.sample(frac=0.8,random_state=12345).copy()
test = data[~data.index.isin(train.index)].copy()
print('训练集样本量：%i \n 测试集样本量：%i'%(len(train),len(test)))
```

结果如下：

训练集样本量：560

测试集样本量：140

随机抽样设置的训练集与测试集样本大致比例为 8∶2。

2. 单变量 Logistic 回归分析

我们首先使用单自变量建立一元 Logistic 模型，代码如下：

```
formula= "y~x6"
lg=smf.glm(formula=formula,data=train,family=sm.families.Binomial
(sm.families.links.logit)).fit()
print(lg.summary())
```

结果如下：

Generalized Linear Model Regression Results

Dep. Variable:	y	No. Observations:	560
Model:	GLM	Df Residuals:	558
Model Family:	Binomial	Df Model:	1
Link Function:	logit	Scale:	1.0000
Method:	IRLS	Log-Likelihood:	-282.51
Date:	Wed, 30 Jun 2021	Deviance:	565.03
Time:	21:57:20	Pearson chi2:	555
No. Iterations:	4		
Covariance Type:	nonrobust		

	coef	std err	z	P>|z|	[0.025	0.975]
Intercept	-2.5085	0.216	-11.603	0.000	-2.932	-2.085
x6	0.1310	0.016	8.345	0.000	0.100	0.162

可以看到,当仅使用 x_6 进行 Logistic 回归时,使用 summary 可以查看模型的基本信息、参数估计及检验。可以看到 x_6 的系数为 0.1310,P 值显著。

回归方程为

$$\ln\left(\frac{P}{1-P}\right) = -2.5085 + 0.131x_6$$

其中,x_6 代表负债率;P 代表违约概率。

$$\begin{cases} \ln\left(\dfrac{P}{1-P}\right) = -2.5085 + 0.131x_6 \\ \ln\left(\dfrac{P'}{1-P'}\right) = -2.5085 + 0.131(x_6+1) \end{cases} \rightarrow \begin{cases} \dfrac{P}{1-P} = e^{-2.5085 + 0.131x_6} & (5-1) \\ \dfrac{P'}{1-P'} = e^{-2.5085 + 0.131(x_6+1)} & (5-2) \end{cases}$$

用式(5-2)除以式(5-1)得

$$\frac{\dfrac{P'}{1-P'}}{\dfrac{P}{1-P}} = \frac{e^{-2.5085 + 0.131(x_6+1)}}{e^{-2.5085 + 0.131x_6}} = e^{0.131} = 1.14 \qquad (5-3)$$

从式(5-3)可看出每增加一个单位后的违约发生比是原违约发生比的 1.14 倍。其他单变量也可以做类似分析。

3. 多变量 Logistic 回归分析

接下来考虑引入全部自变量的多元 Logistic 回归。

```
formula = '''y~x1+x2+x3+x4+x5+x6+x7+x8'''
lg_m = smf.glm(formula=formula, data=train, family=sm.families.Binomial
(sm.families.links.logit)).fit()
print(lg_m.summary())
```

回归结果如下：

Generalized Linear Model Regression Results

Dep. Variable:	y	No. Observations:	560
Model:	GLM	Df Residuals:	551
Model Family:	Binomial	Df Model:	8
Link Function:	logit	Scale:	1.0000
Method:	IRLS	Log-Likelihood:	-227.13
Date:	Thu, 01 Jul 2021	Deviance:	454.27
Time:	15:25:37	Pearson chi2:	559
No. Iterations:	6		
Covariance Type:	nonrobust		

	coef	std err	z	P>|z|	[0.025	0.975]
Intercept	-1.2529	0.686	-1.826	0.068	-2.597	0.092
x1	0.0138	0.020	0.701	0.483	-0.025	0.053
x2	0.1442	0.134	1.074	0.283	-0.119	0.407
x3	-0.2287	0.035	-6.453	0.000	-0.298	-0.159
x4	-0.0878	0.025	-3.453	0.001	-0.138	-0.038
x5	-0.0065	0.008	-0.807	0.420	-0.022	0.009
x6	0.0726	0.032	2.248	0.025	0.009	0.136
x7	0.5507	0.117	4.711	0.000	0.322	0.780
x8	0.0534	0.079	0.679	0.497	-0.101	0.207

可以看到，x_3，x_4，x_6，x_7 比较显著，而其他变量不显著。可以删除不显著的变量。也可以使用变量筛选方法：向前法、向后法或逐步法。筛选的原则一般选择 AIC、BIC 或者 P 值。

4. 逐步回归分析

下面使用向前法进行逐步回归,代码如下:

```python
def forward_select(data,response):
    remaining=set(data.columns)
    remaining.remove(response)
    selected=[]
    current_score,best_new_score=float('inf'),float('inf')
    while remaining:
        aic_with_candidates=[]
        for candidate in remaining:
            formula="{}~{}".format(
                response,'+'.join(selected+[candidate]))
            aic=smf.glm(
formula=formula,data=data,family=sm.families.Binomial(sm.families.links.logit)
                ).fit().aic
            aic_with_candidates.append((aic,candidate))
        aic_with_candidates.sort(reverse=True)
        best_new_score,best_candidate=aic_with_candidates.pop()
        if current_score>best_new_score:
            remaining.remove(best_candidate)
            selected.append(best_candidate)
            current_score=best_new_score
            print('aic is {},continuing!'.format(current_score))
        else:
            print('forward selection over!')
            break
    formula = "{} ~ {} ".format(response,'+'.join(selected))
    print('final formula is {}'.format(formula))
    model=smf.glm(
        formula=formula,data=data,
        family=sm.families.Binomial(sm.families.links.logit)
        ).fit()
    return(model)
candidates=['y',"x1",'x2','x3','x4','x5','x6','x7','x8']
data_for_select=train[candidates]
```

```
lg_m1＝forward_select(data＝data_for_select,response＝'y')
print(lg_m1.summary())
```

结果如下：

Generalized Linear Model Regression Results

Dep. Variable:	y	No. Observations:	560
Model:	GLM	Df Residuals:	555
Model Family:	Binomial	Df Model:	4
Link Function:	logit	Scale:	1.0000
Method:	IRLS	Log-Likelihood:	-228.26
Date:	Thu, 01 Jul 2021	Deviance:	456.51
Time:	15:22:15	Pearson chi2:	536
No. Iterations:	6		
Covariance Type:	nonrobust		

	coef	std err	z	P>|z|	[0.025	0.975]
Intercept	-0.8471	0.275	-3.082	0.002	-1.386	-0.308
x6	0.0884	0.020	4.333	0.000	0.048	0.128
x3	-0.2270	0.031	-7.382	0.000	-0.287	-0.167
x7	0.5250	0.091	5.752	0.000	0.346	0.704
x4	-0.0769	0.021	-3.579	0.000	-0.119	-0.035

可以看到,不显著的变量已经被自动删除了。变量筛选有时候还需要结合对业务的理解。对于回归方程及系数的解释,类似于一元 Logistic 回归。

5. 模型判断

接下来,可以预测输出违约的概率。

```
train['proba']＝lg_m1.predict(train)
test['proba']＝lg_m1.predict(test)
print(test['proba'].head())
```

结果如下：

```
5        0.221121
23       0.114302
29       0.496134
32       0.282920
34       0.079916
Name：proba，dtype：float64
```

计算模型的准确性如下：

```
test['prediction']=(test['proba']>0.5).astype('int')
acc=sum(test['prediction']==test['y'])/np.float(len(test))
print('The accurancy is %.2f'% acc)
```

结果如下：

```
The accurancy is 0.83
```

5.2 决策树

决策树属于经典的十大数据挖掘算法之一，可以利用像树一样的图形或决策模型来辅助决策，也可以用于数值型因变量的预测和离散型因变量的分类。决策树在分类、预测、规则提取等领域都有广泛应用，例如，将决策树用于分类器对业务进行预测，可以有较高的预测准确率。

决策树是一种树状结构，它的每一个叶节点对应着一个分类，而非叶节点对应着在某个属性上的划分，根据样本在该属性上的不同取值可将其划分成若干个子集。对于非纯的叶节点，多数类的标号给出到达这个节点的样本所属的类。构造决策树的关键是在每一步如何选择适当的属性对样本做拆分。对一个分类问题，从已知类标记的训练样本中学习并构造出决策树是一个自上而下，分而治之的过程。

常用的有两类决策树：Quinlan 系列决策树和 CART 决策树。Quinlan 系列决策树涉及 ID3 算法及 C4.5 算法。步骤总体概括为建树和剪树。建树的关键是选择最有解释力度的变量，对每个变量选择最优的分割点，可以使用信息增益、信息增益率和基尼指数来挑选；剪树用于控制树的生成规模。

5.2.1 信息增益

先介绍熵的概念。熵用来表示信息量的大小。信息量越大（分类越不"纯净"），对应的熵值就越大。信息熵的计算公式如下：$\text{Info}(D) = -\sum_{i=1}^{n} p_i \log_2(p_i)$，$n$ 表示随机变量 D

中的水平个数，p_i 表示随机变量 D 的水平 i 的概率。信息熵反映的是某个事件所有可能值的熵和，可以衡量其纯净程度。D 的水平较少、混乱程度较低时，信息熵较小；反之则较大。在实际应用中，会将概率 p_i 的值用经验概率替换，所以经验信息熵可以表示为

$$\text{Info}(D') = -\sum_{i=1}^{n} \frac{|C_k|}{|D'|} \log_2 \frac{|C_k|}{|D'|}$$

其中，$|D'|$ 表示事件中的所有样本点，$|C_k|$ 表示事件的第 k 个可能值出现的次数，所以商值 $\frac{|C_k|}{|D'|}$ 表示第 k 个可能值出现的频率。

如果需要基于其他事件计算某个事件的熵，就称为条件熵。

$$\text{Info}_A(D) = -\sum_{j=1}^{m} \frac{|D_j|}{|D|} \times \text{Info}(D_j)$$

其中，j 表示变量 A 的某个水平；m 表示 A 的水平个数；D_j 表示 D 被 A 的 j 水平所分割的观测数；D 表示随机变量 D 的观测总数。$\text{Info}(D_j)$ 表示随机变量 D 在 A 的 j 水平分割下的信息熵。则信息增益定义为

$$\text{Gain}(D \mid A) = \text{Info}(D) - \text{Info}_A(D)$$

对于已知的事件 A 来说，事件 D 的信息增益就是 D 的信息熵与 A 事件下 D 的条件熵之差，事件 A 对事件 D 的影响越大，条件熵 $H(D|A)$ 就会越小（在事件 A 的影响下，事件 D 被划分得越"纯净"），在根节点或中间节点的变量选择过程中，就是挑选出各自变量下因变量的信息增益最大的。

5.2.2　信息增益率

决策树中的 ID3 算法使用信息增益指标实现根节点或中间节点的字段选择，但是该指标存在一个非常明显的缺点，即信息增益会偏向于取值较多的字段，且输入变量必须是分类变量（连续变量必须离散化）。C4.5 算法对这两个缺点进行了改进，将信息增益改为信息增益率，且对连续变量进行自动离散化。

信息增益率在信息增益的基础上进行相应的惩罚。公式为

$$\text{GainRate}_A(D) = \frac{\text{Gain}_A(D)}{\text{Info}(A)}$$

其中，$\text{Info}(A)$ 为事件 A 的信息熵。事件 A 的取值越多，$\text{Gain}_A(D)$ 可能越大，但同时 $\text{Info}(A)$ 也会越大，这样以商的形式就实现了 $\text{Gain}_A(D)$ 的惩罚。如果用于分类的数据集中各离散型自变量的取值个数没有太大差异，那么信息增益指标与信息增益率指标在选择变量过程中并没有太大的差异。

5.2.3　基尼指数

ID3 算法与 C4.5 算法都只能针对离散型因变量进行分类，对于连续型的因变量就显得束手无策了。为了能够让决策树预测连续型的因变量，Breiman 等人在 1984 年提出了

CART 算法,该算法也称为分类回归树,它所使用的字段选择指标是基尼指数。公式为

$$\text{Gini}(T) = \sum_{i=1}^{K} p_i(1 - p_i) = \sum_{i=1}^{K}(p_i - p_i^2) = 1 - \sum_{i=1}^{K} p_i^2$$

其中,p_i 表示某事件第 k 个可能值发生的概率,该概率可以使用经验概率表示,即:

$$\text{Gini}(T) = 1 - \sum_{i=1}^{K}\left(\frac{|C_k|}{|T|}\right)^2, \frac{|C_k|}{|T|}$$ 表示频率。

在引入某个用于分割的待选自变量后(假设分割后的样本量分别为 S_1 和 S_2),则分割后的基尼系数为

$$\text{Gini}_{\text{split}}(T) = \frac{S_1}{S_1 + S_2}\text{Gini}(T_1) + \frac{S_2}{S_1 + S_2}\text{Gini}(T_2)$$

S_1 和 S_2 表示划分成两类的样本量,$\text{Gini}(T_1)$ 和 $\text{Gini}(T_2)$ 表示划分成两类各自的基尼系数值。CART 算法采用基尼系数的减少测度异质性下降的程度,在所有分割中基尼系数减少最多的用于构建当前分割。

ID3 和 C4.5 都属于多分支的决策树,CART 则是二分支的决策树,在树生长完成后,最终根据叶节点中的样本数据决定预测结果。对于离散型的分类问题而言,叶节点中哪一类样本量最多,则该叶节点就代表了哪一类;对于数值型的预测问题,则将叶节点中的样本均值作为该节点的预测值。CART 运行效率优于 C4.5 算法。

Python 中的 sklearn 模块选择了一个较优的决策树算法,即 CART 算法,它既可以处理离散型的分类问题(分类决策树),也可解决连续型的预测问题(回归决策树)。这两种树分别对应 DecisionTreeClassifier 类和 DecisionTreeRegressor 类。

5.2.4　决策树的剪枝

决策树的剪枝通常有两类方法,一类是预剪枝方法;另一类是后剪枝方法。预剪枝很好理解,就是在树的生长过程中就对其进行必要的剪枝,例如控制决策树生长的最大深度,即决策树的层数;控制决策树中父节点和子节点的最少样本量或比例;后剪枝相对来说要复杂很多,它是指决策树在得到充分生长的前提下再对其返工修剪。常用的方法有计算节点中目标变量预测精度或误差;综合考虑误差与复杂度进行剪树。

5.2.5　应用决策树建模预测银行贷款违约情况

本节同样使用上一节的银行贷款违约数据,我们拟采用决策树建模,首先引入所需要的包:

```
import numpy as np
import pandas as pd
import statsmodels.api as sm
import matplotlib.pyplot as plt
```

读取数据并输出：

```
filename=r'C:\Users\LENOVO\Desktop\example\Linear22.xlsx'
data1 = pd.read_excel(filename)
print(data1.head())
```

输出结果如下（部分数据）：

	y	x1	x2	x3	x4	x5	x6	x7	x8
0	1	41	3	17	12	176	9.3	11.36	5.01
1	0	27	1	10	6	31	17.3	1.36	4.00
2	0	40	1	15	14	55	5.5	0.86	2.17
3	0	41	1	15	14	120	2.9	2.66	0.82
4	1	24	2	2	0	28	17.3	1.79	3.06

其中，因变量 y 代表是否违约，是个二分变量，取值为 1 表示违约，0 表示不违约。自变量分别为：x_1 表示贷款人年龄；x_2 表示教育水平；x_3 表示工龄；x_4 表示贷款人地址；x_5 表示收入；x_6 表示负债率；x_7 表示信用卡负债；x_8 表示其他负债。

从数据集提取自变量和因变量：

```
data1.columns=['y','x1','x2','x3','x4','x5','x6','x7','x8']
target= data1['y'] #生成因变量
data = sm.add_constant(data1.iloc[:,1:]) #生成自变量
```

使用 scikit-learn 将数据集划分为训练集和测试集：

```
from sklearn.model_selection import train_test_split
train_data,test_data,train_target,test_target=train_test_split(
    data,target,test_size=0.2,train_size=0.8,random_state=1234)
```

一般来说，样本量越大，模型能学到更加全面的信息，模型表现会越好，用全部数据拟合会取得更好的效果。但因为没有独立的测试集用于评估模型，故将原数据集划分为训练集和测试集，用于评估模型的效果。如果样本量较小，可以使用交叉验证进行模型的选择和评估。

接下来，我们建立一个决策树，使用训练集进行训练。

```
from sklearn.tree import DecisionTreeClassifier
clf=DecisionTreeClassifier(criterion='gini',max_depth=3,class_weight=
None,random_state=1234)
clf.fit(train_data,train_target)
```

其中,criterion='gini'表示采用基尼系数作为树生长的判断依据;max_depth表示树的最大深度为3;class_weight=None表示每一类标签的权重是相等的;random_state表示随机数种子,可以设置为任意正整数。设定后,随机数也确定了,可以重现每次结果,避免因为随机数不同而产生不同的模型结果。

用测试集进行评估,输出评估报告:

```
import sklearn. metrics as metrics
print(metrics. classification_report(test_target,clf. predict(test_data))
```

结果如下:

	precision	recall	f1-score	support
0	0.83	0.93	0.88	107
1	0.65	0.39	0.49	33
accuracy			0.81	140
macro avg	0.74	0.66	0.69	140
weighted avg	0.79	0.81	0.79	140

可以看到模型的f1-score当因变量为1(违约)时为0.49,,为0(不违约)时为0.88,平均为0.69。灵敏度recall分别为0.39、0.93、0.66,模型识别能力还可以。

如果对因变量标签设置不同的权重,结果会有所改变。权重相等时违约的预测准确率较低,考虑到违约用户带来的损失会超过1个不违约用户带来的收益,我们将违约样本的权重设为不违约样本的3倍。

```
clf. set_params( * * {'class_weight':{0:1,1:3}})
clf. fit(train_data,train_target)
print(metrics. classification_report(test_target,clf. predict(test_data)))
```

决策树模型的决策类评估结果如下:

	precision	recall	f1-score	support
0	0.88	0.67	0.76	107
1	0.40	0.70	0.51	33
accuracy			0.68	140
macro avg	0.64	0.68	0.63	140
weighted avg	0.76	0.68	0.70	140

这里,模型因变量为1的f1-score为0.51,为0的f1-score为0.76,平均为0.63。灵敏度recall,因变量为0时为0.67,为1时为0.7。程序使用set_params对模型参数进行

设置。

决策树模型的变量重要性排序代码如下：

```
print(list(zip(data. columns,clf. feature_importances_)))
```

结果如下：

```
[('x1', 0. 0), ('x2', 0. 0), ('x3', 0. 2983290934043627), ('x4',
0. 040088035403097785), ('x5', 0. 0), ('x6', 0. 5747025613037432), ('x7',
0. 08688030988879629), ('x8', 0. 0)]
```

即最重要的变量是 x_6，其次是 x_3，再次是 x_7，最后是 x_4，其他变量贡献为 0。

决策树的可视化通过安装 Graphviz 和相应的插件来输出图形，具体步骤如下：

（1）安装 Graphviz，下载地址官网：http://www. graphviz. org/。安装时可以默认路径，安装后设置环境变量，在系统属性/高级系统设置/环境变量中，找到 Path，双击点开，新增 graphviz 的 bin 目录路径到 Path。如将 C:\Program Files（x86）\Graphviz2. 38\bin 加入 Path。

（2）找到运行中的 cmd，安装 Python 插件 graphviz，在 cmd 中输入 pip install graphviz。

（3）安装 Python 插件 graphviz，在 cmd 中输入 pip install pydotplus。

代码如下：

```
import pydotplus
from IPython. display import Image
import sklearn. tree as tree
dot_data = tree. export_graphviz(clf, out_file = None, feature_names = data.
columns, class_names=['0','1'],filled=True)
graph=pydotplus. graph_from_dot_data(dot_data)
Image(graph. create_png())
dot_data=tree. export_graphviz(clf,out_file=None)
graph=pydotplus. graph_from_dot_data(dot_data)
graph. write_pdf("tree. pdf")
True
```

决策树数输出如图 5-2 所示。

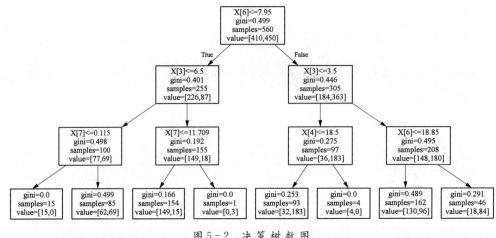

图 5-2　决策树数图

习　题

1. Logistic 回归的回归系数如何解释？如何进行分类？

2. 思考多元 Logistic 回归如何筛选变量，如何编程实现逐步回归？

3. 思考 Logistic、Logit、Probit 模型的区别与联系。

4. 在一个关于公共交通的社会调查中，一个调查项目为"乘坐公共汽车上下班，还是骑自行车上下班"，调查对象为工薪族群体，研究者要将"年龄""月收入""性别"3 个变量作为潜在影响因素，出行意愿为 y，进行 Logistic 回归。数据如图 5-3 所示。

	A	B	C	D
1	性别	年龄	月收入	y
2	0	18	4250	0
3	0	21	6000	0
4	0	23	4250	1
5	0	23	4750	1
6	0	28	6000	1
7	0	31	4250	0
8	0	32	7500	1
9	0	42	5000	1
10	0	46	4750	1
11	0	48	6000	0
12	0	55	9000	1
13	0	56	10500	1
14	0	58	9000	1
15	1	18	4250	0
16	1	20	5000	0
17	1	25	6000	0
18	1	27	6500	0

图 5-3　3 个变量的具体数据

因变量 $y=1$ 表示主要乘坐公共汽车上下班，$y=0$ 表示主要骑自行车上下班；性别为 1 表示男性，0 表示女性。

6. 有几种类型的决策树？各有什么特点？

7. 图5-4是消费者是否购买的信息，请利用决策树的思维构造简单的决策树。

Age	Income	Stu	Credit	Buy
青年	高	否	良好	不够买
青年	高	否	优秀	不够买
中年	高	否	良好	购买
老年	中	否	良好	购买
老年	低	是	良好	购买
老年	低	是	优秀	不够买
中年	低	是	优秀	购买
青年	中	否	良好	不够买
青年	低	是	良好	购买
老年	中	是	良好	购买
青年	中	是	优秀	购买
中年	中	否	优秀	购买
中年	高	是	良好	购买
老年	中	否	优秀	不够买

图5-4 消费者是否购买的信息

第6章

Python 应用:金融风险度量与可视化

本章知识点

(1) 了解金融风险含义及其特征。

(2) 掌握金融风险管理的内容。

(3) 应用 VaR 方法测度单一股票或投资组合的风险。

(4) 应用 Python 工具实现风险价值可视化。

有别于数据源的有限性,大数据应用将颠覆原有的局部性数据风险识别、风险度量。在传统金融风险识别和度量的方法上引入大数据分析计算的解决方案,并结合案例与方法对金融风险进行识别和风险度量。

6.1 金融风险概述

6.1.1 风险

风险是一个抽象概念,但我们天生就能理解复杂的风险与收益权衡。

我们理解的风险并不等同于成本或损失的大小。真正的风险是指以完全意外的形式突然发生的成本,风险在于我们的成本和收入的实际波动性。我们对风险概念的直观理解与正规风险处理方式的主要差异之一是后者使用统计工具来定义风险敞口的程度和潜在成本。为了及时掌握意外损失的数值,银行风险经理首先要找出造成任何结果波动的风险因素,然后使用统计分析计算所考察头寸或投资组合出现结果的概率。我们可以通过不同方式理解这种概念分布。例如,给定损失发生概率,风险经理就可以准确找出金融机构担心的分布区域(损失程度)。

6.1.2 金融风险

金融风险是金融活动的内在属性,金融风险的广泛存在是现代金融市场的重要特征。随着金融创新与全球一体化进程的加快,金融风险的危害也日益加剧。对此,金融风险管理逐步成为金融管理的核心内容。

金融风险是指经济主体在金融活动中遭受损失的不确定性。从金融风险的定义看，金融风险包含以下几个方面含义：

1. 金融风险的构成要素

根据金融风险的定义，金融风险是由风险因素、风险事故和风险结果构成的。金融风险因素是金融风险的必要条件，是金融风险产生和存在的前提。金融风险事故是经济及金融环境变量发生预料未及的变动从而导致金融风险结果的事件，它是金融风险存在的充分条件，在金融风险中占据核心地位。

2. 金融风险发生的不确定性

金融风险的实质在于它是一种直接发生货币资金损失的可能性和不确定性。在金融现象的发生和发展过程中，金融风险的风险事故既可能发生也可能不发生，从而使金融风险结果既可能出现也可能不出现。金融行为主体承受着风险，只是说它有受损的可能性，但究竟是受损或受益及损益程度如何，在金融风险事故发生之前是不确定的。

3. 金融风险是金融活动的内在属性

金融业务活动中处处存在金融风险，也就是说，金融风险是金融活动的内在属性，不以个人意志为转移。金融风险的内在属性特征决定了其有别于自然风险、技术风险，金融风险的产生一定要依附于金融活动的进行。

4. 金融活动的参与者是金融风险的承担者

与金融活动有关的任何一类经济主体都会面临着金融风险，包括各类企业、居民、金融机构乃至一个国家主体等。对于个人、企业、金融机构和国家而言，金融风险是客观存在的，应该尽量避免其发生或减小其发生的概率。

从定义出发，金融风险的特征如下。

（1）隐蔽性：指由于金融机构的经营活动的不完全透明性，在未爆发金融危机时，可能因信用特点而掩盖金融风险不确定性损失的实质。

（2）扩散性：指由于金融机构之间存在复杂的债权、债务关系，一家金融机构出现危机可能导致多家金融机构接连倒闭的"多米诺骨牌"现象。

（3）加速性：指一旦金融机构出现经营困难，就会失去信用基础，甚至出现挤兑风潮，这样会加速金融机构的倒闭。

（4）不确定性：指金融风险发生需要一定的经济条件或非经济条件，而这些条件在风险发生前是不确定的。

（5）可管理性：指通过金融理论的发展、金融市场的规范、智能性的管理媒介，金融风险可以得到有效的预测和控制。

（6）周期性：指金融风险受经济循环周期和货币政策变化的影响，从而呈现规律性、周期性的特点。

6.2 金融风险管理概念

未来无法预测,它是不确定的,没人能成功持续预测股市、利率、汇率或商品价格,或具有重大金融意义的信用事件、操作事件或系统事件。然而,不确定性产生的金融风险是可以管理的。实际上,现代经济学有别于过往经济学的主要方面就在于识别风险、衡量风险、估计风险后果,然后据此采取行动(如转移或减轻风险)的新能力。在许多情况下,现代风险管理最重要的方面之一,就是为风险定价并确保经营活动承担的风险得到适当回报的能力。

金融风险管理是指人们通过实施一系列的政策和措施来控制金融风险以消除或减少其不利影响的行为。主要分为两个层面:①内部风险管理。作为金融风险直接承担者的经济个体对其自身面临的各种风险进行管理;②外部风险管理,行业自律和政府监管。

风险管理通常被形容为公司的一项独立活动,它不同于创造收益。多数宏观经济学模型和微观经济学模型都是从一个确定性框架开始,并加入一个误差项,即代表不确定性的风险项。当描述这些模型产生的预期行为时,误差项或不确定性项将会消失,英文建模者通常将预期作为他们对未来结果的最佳推测。

建立风险管理模型和风险管理系统的技术专家和这些模型、系统的使用者之间过于泾渭分明。建模者太远离经济学,也不了解风险管理的作用和局限,以及如何构建风险管理问题。基于此,为避免出现风险管理模型和风险管理系统建立这与使用者之间的冲突,通过大数据思维建立风险管理模型和风险管理系统很有必要。

6.3 风险价值度

6.3.1 VaR 方法提出的背景

传统的资产负债管理(Asset-Liability Management,ALM)过于依赖报表分析,缺乏时效性;利用方差及 β 系数来衡量风险又太过抽象,不直观,而且反映的只是市场(或资产)的波动幅度;而 CAPM(资本资产定价模型)又无法糅合金融衍生品种。

在上述传统的几种方法都无法准确定义和度量金融风险时,G30 集团在研究衍生品种的基础上,于 1993 年发表了题为《衍生产品的实践和规则》的报告,提出了度量市场风险的指标——风险价值度(Value at Risk,VaR)。

VaR 方法已成为目前金融界测量市场风险的主流方法。由 JP Morgan(摩根大通)推出的用于计算 VaR 的 Risk Metrics(风险矩阵)控制模型更是被众多金融机构广泛采用。目前国外一些大型金融机构已将其所持资产的 VaR 风险值作为其定期公布的会计报表的一项重要内容加以列示。

在现在的金融市场上,受经济全球化和金融一体化影响,金融创新品种日新月异,金融市场波动性和系统风险大为加剧,控制金融风险成为各类金融机构面临的一个主要任务。VaR 方法成为当前最为流行和实用的一个测量金融风险的方法。VaR 风险管理技术是指在正常的市场条件和给定的置信度内,用于评估和计量任何一种金融资产或证券投资组合在既定时期内所面临的市场风险大小和可能遭受的潜在最大价值损失。

6.3.2 VaR 概述

VaR 试图对金融机构的资产组合提供一个单一风险度量,这一度量恰恰能体现金融机构的整体风险。当使用 VaR 来检测风险时,我们是在陈述以下事实:"我们有 $X\%$ 把握,在 T 时间段,我们的损失不会大于 V"。这里的变量 V 就是交易组合的 VaR。VaR 是两个变量的函数:时间展望周期(T 时间段)及置信度($X\%$)。这一变量对应于在今后 T 天及在 $X\%$ 把握之下,交易损失的最大值。

VaR 是对风险的总括性评估,它考虑了金融资产对某种风险来源(例如利率、汇率、商品价格、股票价格等基础性金融变量)的敞口和市场逆向变化的可能性。VaR 模型加入了大量可能影响公司交易组合公允价值的因素,比如证券和商品价格、利率、外汇汇率、有关的波动率以及这些变量之间的相关值。VaR 模型一般考虑线性和非线性价格暴露头寸、利率风险及隐含的线性波动率风险暴露头寸。

借助该模型,对历史风险数据模拟运算,可求出在不同的置信度(比如 99%)下的 VaR 值。对于置信度为 99%、时间基准为一天的 VaR 值,该值被超过的概率为 1% 或在 100 个交易日内可能发生一次。例如,银行家信托公司(Bankers Trust)在其 1994 年年报中披露,1994 年的每日 99% VaR 值平均为 3 500 万美元,这表明该银行可以以 99% 的概率做出保证,1994 年每一特定时点上的投资组合在未来 24 小时内的平均损失不会超过 3 500 万美元。通过这一 VaR 值与该银行 1994 年 6.15 亿美元的年利润和 47 亿美元的资本额相对照,则该银行的风险状况即可一目了然。

6.3.3 VaR 的公式

VaR 用公式表示为 $P(\Delta P\Delta t \leqslant VaR)=\alpha$,在 VaR 公式中,其字母含义如 P 表示资产价值损失小于可能损失上限的概率,即英文的 Probability;ΔP 表示某一金融资产在一定持有期的价值损失额;VaR 表示给定置信水平下的在险价值,即可能的损失上限;α 表示给定的置信水平。

从统计的意义上讲,VaR 本身是个数字,是指面临正常的市场波动时处于风险状态的价值。即在给定的置信水平和一定的持有期限内,预期的最大损失量(可以是绝对值,也可以是相对值)。例如,某一投资公司持有的证券组合在未来 24 小时内,置信度为 95%,在证券市场正常波动的情况下,VaR 值为 520 万元,其含义是指,该公司的证券组合在一天内(24 小时),由于市场价格变化而带来的最大损失超过 520 万元的概率为 5%,平均 20 个交易日才可能出现一次这种情况。或者说有 95% 的把握判断该投资公司在下一个交易日内的损失在 520 万元以内。5% 的概率反映了金融资产管理者的风险厌恶程度,可根据不同的投资者对风险的偏好程度和承受能力来确定。

6.3.4 运用 Python 对风险价值可视化

为了能够比较形象地展示风险价值,假定某个投资组合的盈亏服从正态分布,并且置信水平设置为95％,下面通过Python绘制风险价值的图形(见图6-1),需要运用到SciPy子模块stats中计算正态分布概率密度函数norm.ppf以及正态分布累计概率密度函数norm.pdf,具体的Python代码如下:

```
*******************Python绘制风险价值图*******************
import numpy as np

import pandas as pd

import matplotlib.pyplot as plt

from pylab import mpl

mpl.rcParams['font.sans-serif']=['SimHei']

mpl.rcParams['axes.unicode_minus']=False

import scipy.stats as st        #导入SciPy统计子模块stats

a=0.95          #设置95%的置信水平

z=st.norm.ppf(q=1-a)

x=np.linspace(-4,4,200)      #投资组合盈亏的数组

y=st.norm.pdf(x)            #投资组合盈亏对应的概率密度数组

x1=np.linspace(-4,z,100)

y1=st.norm.pdf(x1)

plt.figure(figsize=(8,6))

plt.plot(x,y, 'r-',lw=2.0)

plt.fill_between(x1,y1)        #绘制阴影部分

plt.xlabel(u'投资组合盈亏',fontsize=13)

plt.ylabel(u'盈亏的概率密度',fontsize=13,rotation=0)

plt.xticks(fontsize=13)

plt.yticks(fontsize=13)

plt.ylim(0,0.45)

plt.annotate('VaR',xy=(z,st.norm.pdf(z)),xytext=(-1.9,0.18),arrowprops=dict
(shrink=0.01),fontsize=13)

plt.title(u' 假定盈亏服从正态分布的风险价值(VaR) ',fontsize=13)

plt.grid('True')

plt.show()

**************************************************************
```

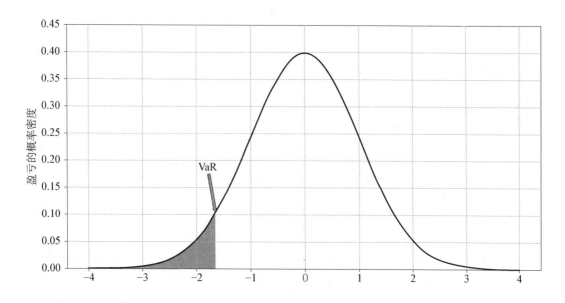

图 6-1　假定盈亏服从正态分布的风险价值

6.3.5　VaR 计算

由定义出发,要确定一个金融机构或资产组合的 VaR 值或建立 VaR 的模型,必须首先确定三个因素:一是持有期间的长短(Δt);二是置信区间的大小(α);三是观察期间。

1. 持有期

持有期,即确定计算在哪一段时间内的持有资产的最大损失值,也就是明确风险管理者关心资产在一天内、一周内还是一个月内的风险价值。持有期的选择应依据所持有资产的特点来确定,比如对于一些流动性很强的交易头寸往往需以每日为周期计算风险收益和 VaR 值,如 G30 小组在 1993 年的衍生产品的实践和规则中就建议对场外 OTC 衍生工具以每日为周期计算其 VaR,而对一些期限较长的头寸如养老基金和其他投资基金则可以以每月为周期。从银行总体的风险管理看持有期长短的选择取决于资产组合调整的频度及进行相应头寸清算的可能速率。巴塞尔委员会在这方面采取了比较保守和稳健的姿态,要求银行以两周,即 10 个营业日为持有期限。

2. 置信水平 α

一般来说对置信区间的选择在一定程度上反映了金融机构对风险的不同偏好。选择较大的置信水平意味着其对风险比较厌恶,希望能得到把握性较大的预测结果,希望模型对于极端事件的预测准确性较高。根据各自的风险偏好不同,选择的置信区间也各不相同。比如 J. P. Morgan 与美洲银行选择 95%,花旗银行选择 95.4%,大通曼哈顿选择 97.5%,Bankers Trust 选择 99%。作为金融监管部门的巴塞尔委员会则要求采用 99% 的置信区间,这与其稳健的风格是一致的。

3. 观察期

观察期间是对给定持有期限的回报的波动性和关联性考察的整体时间长度,是整个数据选取的时间范围,有时又称数据窗口(Data Window)。例如选择对某资产组合在未来 6 个月,或是 1 年的观察期间内,考察其每周回报率的波动性(风险)。这种选择要在历史数据的可能性和市场发生结构性变化的危险之间进行权衡。为克服商业循环等周期性变化的影响，历史数据越长越好，但是时间越长，收购兼并等市场结构性变化的可能性越大，历史数据因而越难以反映现实和未来的情况。巴塞尔银行监管委员会目前要求的观察期间为1年。

6.4 VaR 度量方式

VaR 的度量主要有方差-协方差法(Variance-Covariance Approach)、历史模拟法(Historical Simulation Method)和蒙特卡洛模拟法(Monte-Carlo Simulation)三种方法。

1. 方差-协方差法

该方法假定风险因素收益的变化服从特定的分布(通常假定为正态分布)，主要包括如下三个步骤：

(1) 通过历史数据分析和估计该风险因素收益分布的参数值，如方差、均值、相关系数等。

(2) 根据风险因素发生单位变化时，头寸的单位敏感性与置信水平来确定各个风险要素的 VaR 值。

(3) 根据各个风险要素之间的相关系数来确定整个组合的 VaR 值。

2. 历史模拟法

该方法以历史可以在未来重复为假设前提，直接根据风险因素收益的历史数据来模拟风险因素收益的未来变化。在这种方法下，VaR 值取自于投资组合收益的历史分布，组合收益的历史分布又来自于组合中每一金融工具的"盯市价值"(Mark to Market value)。而这种盯市价值是风险因素收益的函数。具体来说，历史模拟法分为三个步骤：

(1) 为组合中的风险因素安排一个历史的市场变化序列。

(2) 计算每一历史市场变化的资产组合的收益变化。

(3) 推算出 VaR 值。

因此，风险因素的历史收益数据是该 VaR 模型的主要数据来源。

3. 蒙特卡洛模拟法

顾名思义，该方法通过计算机模拟产生一个服从特定分布的市场变化序列，然后通过这一市场变化序列模拟资产组合风险因素的收益分布，最后求出组合的 VaR 值。

蒙特卡洛模拟法与历史模拟法的主要区别在于：前者采用随机模拟的方法获取市场变化序列，而不是通过复制历史的方法获得，即将历史模拟法计算过程中的第一步改成通过随机的方法获得一个市场变化序列。

市场变化序列既可以通过历史数据模拟产生，也可以通过假定参数的方法模拟产生。由于该方法的计算过程比较复杂，因此应用上没有前面两种方法广泛。

6.5 风险管理中的应用

1. 应用层面

风险管理的应用主要包括如下几个方面：

(1) 风险控制。目前已有众多的银行、保险公司、投资基金、养老金基金及非金融公司采用 VaR 方法作为金融衍生工具风险管理的手段。利用 VaR 方法进行风险控制,可以使每个交易员或交易单位都能确切地明了他们在进行有多大风险的金融交易,并可以为每个交易员或交易单位设置 VaR 限额,以防止过度投机行为的出现。

(2) 业绩评估。在金融投资中,公司出于稳健经营的需要,必须对交易员可能的过度投机行为进行限制。所以,有必要引入考虑风险因素的业绩评价指标。

(3) 估算风险性资本。以 VaR 来估算投资者面临市场风险时所需的适量资本,风险资本的要求是 BIS(国际清算银行)对于金融监管的基本要求。

2. VaR 的优缺点

1) 优点

VaR 最大的优点是能够计算出在未来指定的一段时间内最大损失的可能性,并且这种计算方法是适用于所有市场参与者的。不仅如此,VaR 还可以将特定策略的历史波动性与相关性联系在一起,最后通过类比的方式预测未来的价格风险。

系统开发者和风险经理通常会利用一些比较传统的方法,例如,利用止损和交易量价格风险分析,就可以让交易者了解到有关量化投资策略风险的很多特性。可以加入利用特定品种策略在过去 10 年中遭遇 20% 的最大回调可能性。不仅如此,它们还可以确定这样的账户每日可能会超过定额亏损的次数。实际上这是一种非基于统计的 VaR 策略,我们一般也将其称为历史 VaR。

尽管历史 VaR 可以帮助我们分析每日可能超过额定亏损的次数,但是无论是历史 VaR 还是传统的价格风险管理工具都无法告诉我们交易策略在接下来 24 小时发生亏损的可能性。前测 VaR 模型可以利用标准偏差和相关性,使用统计学方法预测持仓时间内亏损的可能性分布。所以,前测 VaR 模型可以非常有效地分析当前策略应建头寸之外的额外头寸是会减少还是增加系统风险。

2) 缺点

我们都知道虽然 VaR 是一个非常有用的工具,但是它并不是一个关于管理价格风险问题最全面的解决方案。这是因为 VaR 无法解决指定时间内判断亏多少的问题,它只是大概说明了我们可能会亏损的最大数量。VaR 模型还有另外一个缺陷,就是假设了连续交易日之间的独立性,也就是说假设今天发生的交易不会对明天的交易有任何的影响。

无论市场是均值回归性还是趋势性,我们进行的量化投资肯定对市场的性质有所影响,所以这种独立性假设是一个有缺陷的假设。那么这种假设也会间接导致 VaR 不能够对一系列连续时间做出解释。当然在 VaR 中还有其他的一些问题,比如其中最危险的假设是交易者可以在没有滑点的前提下平掉头寸。

6.6　VaR 的 Python 实现

1. 案例背景

接下来,我们以贵州茅台(600519)股票为例,使用方差-协方差法和历史模拟法来计算它的 VaR 值。在计算之前,首先需要获取到贵州茅台的历史股价数据,这里我们使用 Tushare 包,它是一个免费、开源的 Python 财经数据接口包。Tushare 拥有丰富的数据内容,如股票、基金、期货、数字货币等行情数据;公司财务、基金经理等基本面数据,后续还开通债券、外汇、行业、大数据、区块链等接口。Tushare 返回的绝大部分的数据格式都是 pandas DataFrame 类型,非常便于用 pandas/NumPy/Matplotlib 进行数据分析和可视化。

导入数据:

```
pip install lxml pandas requests bs4 tushare
import numpy as np
import pandas as pd
import tushare as ts
# 读入贵州茅台 「600519」 2019-01-01 到 2019-12-31 复权后数据
df = ts.get_hist_data('600519', start='2020-01-01', end='2021-04-14')
# 计算日均收益率
df1 = df['close'].sort_index(ascending=True)
df1 = pd.DataFrame(df1)
df1['date'] = df1.index
df1['date'] = df1[['date']].astype(str)
df1["rev"]= df1.close.diff(1)
df1["last_close"]= df1.close.shift(1)
df1["rev_rate"]= df1["rev"]/df1["last_close"]
df1 = df1.dropna()

# 打印查看数据
print(df1.head(10))
```

date	close	rev	last_close	rev_rate
2020-01-03	1078.56	-51.44	1130.00	-0.045522
2020-01-06	1077.99	-0.57	1078.56	-0.000528
2020-01-07	1094.53	16.54	1077.99	0.015343
2020-01-08	1088.14	-6.39	1094.53	-0.005838
2020-01-09	1102.70	14.56	1088.14	0.013381
2020-01-10	1112.50	9.80	1102.70	0.008887
2020-01-13	1124.27	11.77	1112.50	0.010580
2020-01-14	1107.40	-16.87	1124.27	-0.015005
2020-01-15	1112.13	4.73	1107.40	0.004271
2020-01-16	1107.00	-5.13	1112.13	-0.004613

2. 历史模拟法

先使用历史模拟法计算 VaR 值，对收益率从小到大排序，根据所选定的置信度，取相应的分位数，作为 VaR 损失率。本例中选定如下置信度：99％对应 1 分位，95％对应 5 分位，90％对应 10 分位。

Python 代码如下：

```
# Numpy 的 percentile 函数，可以直接返回序列相应的分位数
sRate = df1["rev_rate"].sort_values(ascending=True)
p = np.percentile(sRate, (1, 5, 10), interpolation='midpoint')
print(p)
**结果如下
[-0.04999039  -0.02971614  -0.02167976]
```

3. 方差-协方差法

（1）对于单一证券的风险价值测度，Python 代码主要如下：

```
from scipy.stats import norm
u = df1.rev_rate.mean()
σ2 = df1.rev_rate.var()
σ = df1.rev_rate.std()
# 置信度为 99％ 时的 VaR
Z_01 = -norm.ppf(0.99)
# 因为 (R* - u)/σ = Z_01
# 所以 R* = Z_01 * σ - u
print(Z_01 * σ - u)
结果：-0.04963937070016855
```

（2）投资组合的风险价值测量。

第一，投资组合的收益率计算。投资组合的收益率很容易计算，总的来说就是总收益除以初始投入资本。假如我们一共投资了 n 种金融产品，则我们的投资组合的收益率为

$$R = \frac{总收益}{初始资产} = \frac{\sum_{i=1}^{n} W_i R_i}{W_0} = \frac{\sum_{i=1}^{n} W_0 w_i R_i}{W_0} = \sum_{i=1}^{n} w_i R_i$$

其中，W_0 为投资资产；W_i 为第 i 个金融产品的投资额；w_i 为第 i 个金融产品的投资额占总投资资产的比例；R_i 第 i 个金融产品的收益率；R 为投资组合的收益率。

投资组合收益率的计算过程，类似于加权平均值的计算。我们将每个金融产品的收益率乘以该产品的投资占比，并对结果求和即可。

需要注意的是,这里计算的收益率是指从头到尾的收益率,如果我们要计算一个收益率序列,是不能使用这种方式的。因为在初期的时候,我们的配置比例是固定的,但是在初期之后,随着不同产品的不同波动,它们占资产配置的比例已经发生了变化,因此需要不断迭代更新比例参数,直接使用原始比例是错误的。

第二,投资组合的风险度量。每个金融产品各自的方差与系数的乘积,也包含了两两产品之间的协方差项。也就是说,金融产品之间相关性越高,风险越大。

根据方差公式,投资组合的方差可表示为

$$\sigma^2(R) = \sum_{i=1}^n w_i^2 \sigma^2(R_i) + \sum_{i=1}^n w_i w_j \sigma(R_i, R_j)$$

事实上我们完全可以先计算出我们的投资组合收益率的序列,然后再用方差、下行风险等来计算投资组合的风险,这样还能应对不同时期不同金融产品比例发生变化的情况。

第三,Python实战:收益率。那么接下来我们就用Python来看一下,不同的投资比例会对我们的收益率和风险带来什么影响。我们以贵州茅台和比亚迪两只股票来演示在不同配置比例下整体的收益率和风险变化趋势。

```python
import pandas as pd
import tushare as ts
import numpy as np
# 获取股票近两年的行情数据
token='ea67a71cb622b23335f0ace42e7459be2c6d68e4dd69a37e0d0c9b31'
ts.set_token(token)
pro=ts.pro_api()
gzmt=pro.daily(ts_code='600519.SH',start_date='20180101')
byd=pro.daily(ts_code='002594.SZ',start_date='20180101')
# 数据清洗,仅保留收益率数据
df = pd.merge(gzmt,byd,on='trade_date',how='outer')
df.index= pd.to_datetime(df.trade_date)
df =df.sort_index(ascending=True)
df =df[['pct_chg_x','pct_chg_y']].fillna(0)/100
df.columns=['r_gzmt','r_byd']
df.head()
gzmt.head()
```

接下来,我们来看收益率情况,我们先用期末各资产收益直接加权平均的方式来计算。Python代码如下:

```python
import matplotlib. pyplot as plt
import matplotlib as mpl
import seaborn as sns
sns. set()
w_gzmt =np. linspace(0,1,11)
w_byd=1-w_gzmt
r_gzmt=(df['r_gzmt']+1). product()-1
r_byd=(df['r_byd']+1). product()-1
returns =[r_gzmt * w1+r_byd * w2
          for w1, w2 in zip(w_gzmt,w_byd)]
plt. figure(figsize=(10,6))
plt. plot(w_gzmt,returns)
plt. rcParams['font. sans-serif']=['SimHei']
plt. xlabel('贵州茅台资产占比',fontsize=16)
plt. ylabel('投资组合2018年以来收益率',fontsize=16)
plt. title('不同比例下组合投资贵州茅台与比亚迪收益率',fontsize=20)
```

第四,投资组合的风险。一种方法是使用各金融产品的方差及协方差,结合不同金融产品的投资占比,套入公式来计算。

```python
mpl. rcParams['font. family']= 'sans-serif'
mpl. rcParams['font. sans-serif']= 'SimHei'
df['worth_gzmt']=(df['r_gzmt']+1). cumprod()
df['worth_byd']=(df['r_byd']+1). cumprod()
risk=[]
for w1, w2 in zip(w_gzmt,w_byd):
    worth_portfolio= np. array(w1 * df['worth_gzmt']+w2 * df['worth_byd'])
    worth_last_day=worth_portfolio. copy()
    worth_last_day=np. insert(np. delete(worth_last_day,-1,axis=0),0,1)
    r_portfolio=worth_portfolio/worth_last_day-1
    risk. append(r_portfolio. std())
plt. figure(figsize=(10,6))
plt. plot(w_gzmt,risk)
plt. rcParams['font. sans-serif']=['SimHei']
plt. xlabel('贵州茅台资产占比',fontsize=16)
plt. ylabel('投资组合2018年以来收益率方差',fontsize=16)
plt. title('不同比例下组合投资贵州茅台与比亚迪风险',fontsize=20)
```

可以看到,当贵州茅台资产配置比例在 0.4~0.5 的时候,投资风险是较大的。但是之前我们也看到投资万科的潜在获利空间比较高,所以要结合自己的风险承受能力以及预期获益水平来调整自己的资产配置比例。

我们还记得,使用下行风险可以消除方差度量法的一些问题。那么就来计算在不同配置比例下的下行风险。

```
******************************************************

w_gzmt =np.linspace(0, 1, 11)

w_byd=1-w_gzmt

risk=[]

for w1, w2 in zip(w_gzmt,w_byd):

    worth_portfolio= np.array(w1*df['worth_gzmt']+w2*df['worth_byd'])

    worth_last_day=worth_portfolio.copy()

    worth_last_day=np.insert(np.delete(worth_last_day,-1,axis=0),0,1)

    r_portfolio=worth_portfolio/worth_last_day-1

    mean =r_portfolio.mean()

    _r_tmp=r_portfolio-mean

    _r_tmp=np.array(list(map(lambda x:x if x<0 else 0,_r_tmp)))

    _risk=sum(_r_tmp**2)

    risk.append(r_portfolio.std())


plt.figure(figsize=(10,6))

plt.plot(w_gzmt,risk)


plt.rcParams['font.sans-serif']=['SimHei']

plt.xlabel('贵州茅台资产占比',fontsize=16)

plt.ylabel('投资组合收益的标准差',fontsize=16)

plt.title('不同比例下组合投资贵州茅台与比亚迪风险（2018 年以来的数据）',
fontsize=20)
```

习　题

1. 什么是风险价值? 其优缺点体现在什么方面?
2. 测算 2017 年以来我武生物股票的 VaR。
3. 任意构建 5 只股票组合,用方差-协方差法度量其风险价值。

第7章

Python 应用:航空公司客户价值分析

📖 **本章知识点**

(1) 了解 RFM 模型的基本原理。

(2) 掌握 K-Means 聚类算法的基本原理。

(3) 使用 K-Means 聚类算法对航空客户进行分群。

(4) 利用 pandas 快速实现数据 z-score(标准差)标准化以及用 scikit-learn 的聚类库实现 K-Means 聚类。

人类天生具备一种主观的认知能力,以特征形态的相同或者近似将他们划分在一个概念下,以特征形态的不同划分在不同概念下,这就是聚类的思维方式。尤其在大数据时代背景下,在亿万数据中找出事物间千丝万缕的关系,归纳和总结能力显得尤为重要,而这归根结底需要运用聚类的思维方式。

7.1 聚类分析简介

7.1.1 聚类分析的不同类别

聚类分析是在没有给定划分类别的情况下,根据样本相似度进行样本分组的一种方法,是一种非监督的学习算法。聚类的输入是一组未被标记的样本,聚类根据数据自身的距离或相似度划分为若干组,划分的原则是组内距离最小化而组间距离最大化。常见的聚类分析算法有如下 3 种。

分散性聚类:K-Means 聚类也称为快速聚类法,在最小化误差函数的基础上将数据划分为预定的类数 K。该算法的原理简单并便于处理大量数据。

密度聚类:基于密度的方法(Density-Based Methods)。与其他方法的根本区别是:它不是基于各种各样的距离的,而是基于密度的。这样就能克服基于距离的算法只能发现"类圆形"的聚类的缺点。这个方法的指导思想是,只要一个区域中的点的密度大过某个阈值,就把它加到与之相近的聚类中去。

系统聚类：也称为层次聚类，分类的单位由高到低呈树形结构，且所处的位置越低，其所包含的对象就越少，但这些对象间的共同特征越多，该聚类方法只适合在小数据量的时候使用，数量大的时候速度会非常慢。

7.1.2　*K*-Means 聚类分析在大数据分析中运用的场景介绍

在大数据运用领域，结合 *K*-Means 聚类方法的原理，我们可以总结出 *K*-Means 聚类分析运用的两个应用场景。

发现异常情况的场景：如果不对数据进行任何形式的转换，只是经过中心标准化或级差标准化就进行快速聚类，会根据数据分布特征得到聚类结果。这种聚类会将极端数据单独聚为几类。这种方法适用于统计分析之前的异常值剔除，对异常行为的挖掘，比如监控银行账户是否有洗钱行为、监控 POS 机是否从事套现、监控某个终端是否是电话卡养卡客户等。

将个案数据做划分的场景：出于客户细分目的的聚类分析一般希望聚类结果为大致平均的几大类（原始数据尽量服从正态分布，这样聚类出来簇的样本点个数大致接近），因此需要将数据进行转换，比如使用原始变量的百分位秩、Turkey 正态评分、对数转换等。在这类分析中数据的具体数值并没有太多的意义，重要的是相对位置。这种方法适用场景包括客户消费行为聚类、客户积分使用行为聚类等。

以上两种场景的大致步骤如下：

（1）从 n 个样本数据中随机选取 k 个对象作为初始的聚类中心。

（2）分别计算每个样本到各个聚类中心的距离，将样本分配到距离最近的那个聚类中心类别中。

（3）所有样本分配完成后，重新计算 k 个聚类的中心。

（4）与前一次计算得到的 k 个聚类中心比较，如果聚类中心发生变化，转第（2）步，否则转第（5）步。

（5）当中心不发生变化时停止并输出聚类结果。

7.2　*k*-Means 聚类分析的运用

7.2.1　航空公司客户价值分析，案例背景与目标挖掘

信息时代的来临使得众多企业的营销焦点从产品转向了客户，因此客户关系管理便成了企业的核心问题。客户关系管理的关键问题是客户分群。通过客户分群，区分无价值客户和高价值客户。企业针对不同价值的客户制定优化的个性化服务方案，采取不同营销策略，将有限营销资源集中于高价值客户，实现企业利润最大化目标。准确的客户分群结果是企业优化营销资源分配的重要依据，客户分群越来越成为客户关系管理中亟待解决的关键问题之一。以航空公司为例，面对激烈的市场竞争，各个航空公司都推出了更多的优惠政策来吸引客户，国内某航空公司面临着常旅客流失、竞争力下降和资源未充分利用等经营危机。通过建立合理的客户价值评估模型，对客户进行分群，分析及比较不同

客户群的客户价值,并制定相应的营销策略,对不同的客户群提供个性化的服务是必需的和有效的。

7.2.2 航空公司现状分析

民航的竞争除了三大航空公司之间的竞争之外,还将加入新崛起的各类小型航空公司、民营航空公司,甚至国外航空巨头(见图7-1)。航空产品生产过剩,产品同质化特征愈加明显,于是航空公司从价格、服务间的竞争逐渐转向对客户的竞争。与此同时,随着高铁、动车等铁路运输的兴建,航空公司也受到巨大冲击。

图7-1 部分民航航空公司

目前该航空公司积累了大量的会员档案信息和其乘坐航班记录。以2014年3月31日为结束时间,选取宽度为两年的时间段作为分析观测窗口,抽取观测窗口内有乘机记录的所有客户的详细数据,形成历史数据,总共62 988条记录。其中包含了会员卡号、入会时间、性别、年龄、会员卡级别、工作地城市、工作地所在省份、工作地所在国家、观测的窗口的结束时间、总累计积分、观测窗口的总飞行千米数、观测窗口内的飞行次数、平均乘机时间间隔和平均折扣率等特征。航空公司数据特征说明具体如表7-1所示。

表7-1 航空公司数据特征说明

属性名称		属 性 说 明
客户基本信息	MEMBER_NO	会员卡号
	FFP_DATE	入会时间
	FIRST_FLIGHT_DATE	第一次飞行日期
	GENDER	性别
	FFP_TIER	会员卡级别
	WORK_CITY	工作地城市
	WORK_PROVINCE	工作地所在省份
	WORK_COUNTRY	工作地所在国家
	AGE	年龄
乘机信息	FLIGHT_COUNT	观测窗口内的飞行次数
	LOAD_TIME	观测窗口的结束时间
	LAST_TO_END	最后一次乘机时间至观测窗口结束时长
	AVG_DISCOUNT	平均折扣率
	SUM_YR	观测窗口的票价收入
	SEG_KM_SUM	观测窗口的总飞行千米数

（续表）

属性名称	属性说明
	LAST_FLIGHT_DATE　　末次飞行日期
	AVG_INTERVAL　　平均乘机时间间隔
	MAX_INTERVAL　　最大乘机间隔
积分信息	EXCHANGE_COUNT　　积分兑换次数
	EP_SUM　　总精英积分
	PROMOPTIVE_SUM　　促销积分
	PARTNER_SUM　　合作伙伴积分
	POINTS_SUM　　总累计积分
	POINT_NOTFLIGHT　　非乘机的积分变动次数
	BP_SUM　　总基本积分

结合该航空公司已积累大量的会员档案信息和其乘坐航班记录,可实现以下目标:

(1) 借助航空公司客户数据,对客户进行分类。

(2) 对不同的客户类别进行特征分析,比较不同类别客户的客户价值。

(3) 对不同价值的客户类别提供个性化服务,制定相应的营销策略。

7.2.3　航空公司客户价值分析流程

具体的航空客户价值分析项目的总体流程如图 7-2 所示,主要包括以下 4 个步骤:

(1) 抽取航空公司 2012 年 4 月 1 日至 2014 年 3 月 31 日的数据。

(2) 对抽取的数据进行数据探索分析与预处理,包括数据缺失值与异常值的探索分析、数据清洗、特征构建、标准化等操作。

(3) 基于 RFM 模型,使用 K-Means 算法进行客户分群。

(4) 针对模型结果得到不同价值的客户群,采用不同的营销手段,提供定制化的服务。

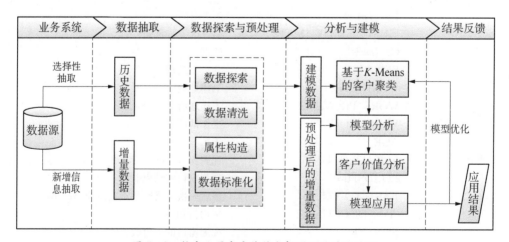

图 7-2　航空公司客户价值分析项目的总体流程

7.2.4 航空客户数据统计性分析

航空公司客户原始数据存在少量的缺失值和异常值,需要清洗后才能用于分析。同时由于原始数据的特征过多,不便直接用于客户价值分析,因此需要对特征进行筛选,挑选出衡量客户价值的关键特征。通过对原始数据观察发现数据中存在票价为空值的记录,同时存在票价最小值为 0、折扣率最小值为 0 但总飞行公里数大于 0 的记录。票价为空值的数据可能是客户不存在乘机记录造成。其他的数据可能是客户乘坐 0 折机票或者积分兑换造成。由于原始数据量大,这类数据所占比例较小,对问题影响不大,因此对其进行丢弃处理。具体处理方法如下:

(1) 丢弃票价为空的记录。

(2) 保留票价非零的,或者平均折扣率不为 0,且总飞行公里数大于 0 的记录。

```
         MEMBER_NO    FFP_DATE  ...  Ration_L1Y_BPS  Point_NotFlight
0            54993   2006/11/2  ...        51277733               50
1            28065   2007/2/19  ...       510708147               33
2            55106    2007/2/1  ...       518530015               26
3            21189   2008/8/22  ...       448275351               12
4            39546   2009/4/10  ...       530942687               39
...            ...         ...  ...             ...              ...
62983        18375   2011/5/20  ...               0               22
62984        36041    2010/3/8  ...               0               43
62985        45690   2006/3/30  ...               0                0
62986        61027    2013/2/6  ...               0                0
62987        61340   2013/2/17  ...               0                0

[62988 rows x 44 columns]
```

图 7-3 部分原始数据截图

对上述原始数据进行描述性分析,每列属性观测值中空值个数、最大值、最小值,具体如表 7-2 所示。

表 7-2 描述性统计分析

属性名称	空值记录数	最大值	最小值
SUM_YR_1	551	239 560	0
SUM_YR_2	138	234 188	0
...	...	...	...
SEG_KM_SUM	0	580 717	368
AVG_DISCOUNT	0	1.5	0

分别从客户基本信息、乘机信息、积分信息 3 个角度进行数据探索,寻找客户的分布规律。选取客户基本信息中的入会时间、性别、会员卡级别和年龄字段进行探索分析,探索客户的基本信息分布状况,得到各年份会员入会人数直方图、会员性别比例饼图、会员各级别人数条形图、会员年龄分布箱型图。

1. 客户基本信息分布分析

通过图7-4可知,航空公司2004—2013年的入会人数随年份增长而呈现逐年增加的趋势,2009年的入会人数有短暂回落后,2010年再次上升并连续几年猛增,在2012年达到最高峰。

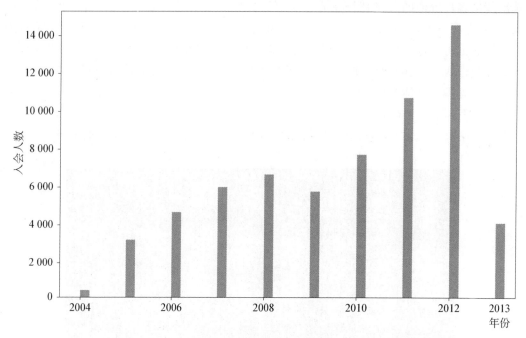

图7-4 航空公司2004—2013年会员入会人数

通过图7-5可知,航空公司男性会员明显比女性会员多,其中男性会员占比3/4以上,女性会员不足1/4。

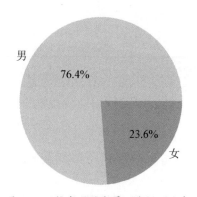

图7-5 航空公司会员入会性别分析

通过图7-6可知,航空公司绝大部分会员为4级会员,仅有少数会员为5级和6级会员。

通过图7-7可知,航空公司大部分会员年龄集中在30~50岁之间,极少数的会员年龄小于20岁或高于60岁且存在一个超过100岁的异常数据。

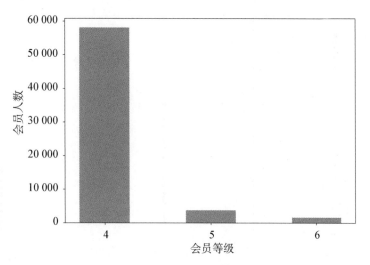

图 7 - 6　航空公司会员等级分布

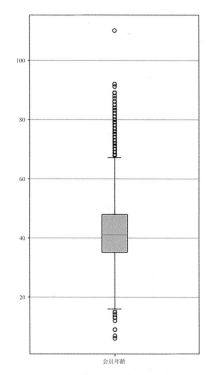

图 7 - 7　航空公司会员年龄分布状况

2. 客户乘机信息分布分析

选取最后一次乘机至结束的时长、客户乘机信息中飞行次数、总飞行公里数进行探索分析，探索客户的乘机信息分布状况（见图 7 - 8）。

3. 客户积分信息分布分析

选取积分兑换次数、总累计积分进行探索分析，探索客户的积分信息分布状况（见图7 - 9、图 7 - 10）。

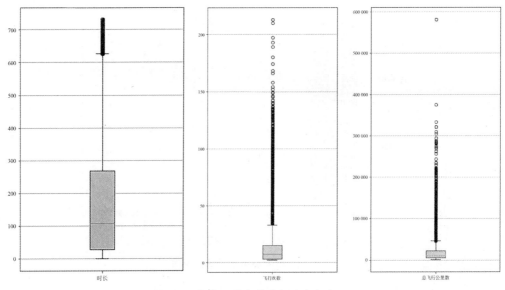

图7-8　航空公司会员乘机信息分布状况

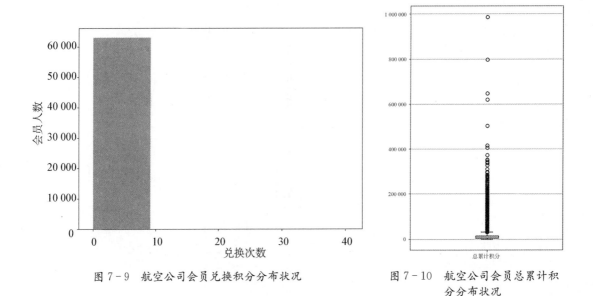

图7-9　航空公司会员兑换积分分布状况

图7-10　航空公司会员总累计积分分布状况

从直方图可以看出,绝大部分客户的兑换次数在0~10的区间内,这表示大部分客户都很少进行积分兑换。

从箱型图可以看出,一部分客户集中在箱体中,少部分客户分散分布在箱体上方,这部分客户的积分要明显高于箱体内的客户。

4. 相关性分析

客户信息的属性之间存在相关性,选取入会时间、会员卡级别、客户年龄、飞行次数、总飞行公里数、最近一次乘机至结束时长、积分兑换次数、总累计积分属性,通过相关系数矩阵(见表7-3)与热力图分析各属性之间的相关性。

表7-3　相关系数矩阵

相关系数	FFP_TIER	FLIGHT_COUNT	LAST_TO_END	SEG_KM_SUM	EXCHANGE_COUNT	Points_Sum	AGE	ffp_year
FFP_TIER	1.000000	0.582447	-0.206313	0.522350	0.342355	0.559249	0.076245	-0.116510
FLIGHT_COUNT	0.582447	1.000000	-0.404999	0.850411	0.502501	0.747092	0.075309	-0.188181
LAST_TO_END	-0.206313	-0.404999	1.000000	-0.369509	-0.169717	-0.292027	-0.027654	0.117913
SEG_KM_SUM	0.522350	0.850411	-0.369509	1.000000	0.507819	0.853014	0.087285	-0.171508
EXCHANGE_COUNT	0.342355	0.502501	-0.169717	0.507819	1.000000	0.578581	0.032760	-0.216610
Points_Sum	0.559249	0.747092	-0.292027	0.853014	0.578581	1.000000	0.074887	-0.163431
AGE	0.076245	0.075309	-0.027654	0.087285	0.032760	0.074887	1.000000	-0.242579
ffp_year	-0.116510	-0.188181	0.117913	-0.171508	-0.216610	-0.163431	-0.242579	1.000000

通过上述相关系数矩阵和热力图(见图7-11)可以看出部分属性间具有较强的相关性,如 FLIGHT_COUNT(飞行次数)属性与 SEG_KM_SUM(总公里数)属性;也有部分属性与其他属性的相关性都较弱,如 AGE(年龄)属性与 EXCHANGE_COUNT(积分兑换次数)属性。

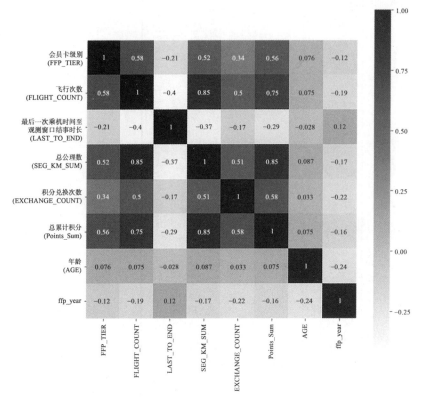

图 7-11　航空公司客户信息属性的热力图

7.2.5　预处理航空客户数据

1. 数据预处理——数据清洗

通过对数据观察发现,原始数据中存在票价为空值、票价最小值为 0、折扣率最小值为 0、总飞行千米数大于 0 的记录。票价为空值的数据可能是由于不存在乘机记录造成的。其他数据可能是由于客户乘坐 0 折机票或者积分兑换造成的。由于原始数据量大,这类数据所占比例较小,对问题影响不大,因此对其进行删除处理。同时,数据探索时发现部分年龄大于 100 记录,也进行丢弃处理,具体处理方法如下。

(1) 丢弃票价为空的记录。

(2) 保留票价不为 0 的,或平均折扣率不为 0,且总飞行公里数大于 0 的记录。

(3) 丢弃年龄大于 100 的记录。

使用 Pandas 对满足清洗条件的数据进行丢弃,处理方法为满足清洗条件的一行数据全部丢弃。其缺失值与异常值处理代码如下:

♯ 代码 1

```
import numpy as np
import pandas as pd
airline_data = pd. read_csv(".. / data/ air_data. csv",
    encoding="gb18030") ♯导入航空数据
print('原始数据的形状为:', airline_data. shape)
♯♯ 去除票价为空的记录
exp1 = airline_data["SUM_YR_1"]. notnull()
exp2 = airline_data["SUM_YR_2"]. notnull()
exp = exp1 & exp2
airline_notnull = airline_data. loc[exp,:]
print('删除缺失记录后数据的形状为:', airline_notnull. shape)
```

结果:原始数据的形状为:(62 988,44)
　　　删除缺失记录后数据的形状为:(62 299,44)

♯ 代码 2

```
♯只保留票价非零的,或者平均折扣率不为 0 且总飞行公里数大于 0 的记录。
index1 = airline_notnull['SUM_YR_1'] ! = 0
index2 = airline_notnull['SUM_YR_2'] ! = 0
index3 = (airline_notnull['SEG_KM_SUM']> 0) & \
    (airline_notnull['avg_discount'] ! = 0)
airline = airline_notnull[(index1 | index2) & index3]
print('删除异常记录后数据的形状为:', airline. shape)
```

结果:删除异常记录后数据的形状为:(62 044,44)

2. 数据预处理——属性归约

通过航空公司客户数据识别不同价值的客户,识别客户价值应用最广泛的模型是 RFM 模型。RFM 模型介绍如下:

R(Recency)指的是最近一次消费时间与截止时间的间隔。通常情况下,最近一次消费时间与截止时间的间隔越短,对即时提供的商品或是服务也最有可能感兴趣。

F(Frequency)指顾客在某段时间内所消费的次数。可以说消费频率越高的顾客,也是满意度越高的顾客,其忠诚度也就越高,顾客价值也就越大。

M(Monetary)指顾客在某段时间内所消费的金额。消费金额越大的顾客,他们的消费能力自然也就越大,这就是所谓"20%的顾客贡献了 80%的销售额"的二八法则。

RFM 模型包括 3 个特征,但无法用平面坐标系来展示,所以这里使用三维坐标系进行展示,如图 7-12 所示,x 轴表示 R 特征(Recency),y 轴表示 F 特征(Frequency),z 轴表示 M 指标(Monetary)。每个轴一般会用 5 级表示程度,1 为最小,5 为最大。

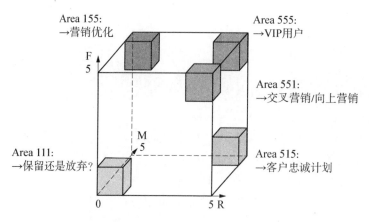

图7-12 航空公司客户价值模型图

在RFM模型中,消费金额表示在一段时间内,客户购买该企业产品金额的总和。由于航空票价受到运输距离、舱位等级等多种因素影响,同样消费金额的不同旅客对航空公司的价值是不同的,比如一位购买长航线、低等级舱位票的旅客与一位购买短航线、高等级舱位票的旅客相比,后者对于航空公司而言价值可能更高。因此这个特征并不适合用于航空公司的客户价值分析。

客户关系长度L,消费时间间隔R,消费频率F,飞行里程M和折扣系数的平均值C五个特征作为航空公司识别客户价值特征,如表7-4所示,即为LRFMC模型。

表7-4 LRFMC模型特征含义

模型	L	R	F	M	C
航空公司LRFMC模型	会员入会时间距观测窗口结束的月数	客户最近一次乘坐公司飞机距观测窗口结束的月数	客户在观测窗口内乘坐公司飞机的次数	客户在观测窗口内累计的飞行里程	客户在观测窗口内乘坐舱位所对应的折扣系数的平均值

原始数据中属性太多,根据航空公司客户价值LRFMC模型,选择与LRFMC指标相关的六个属性:FFP_DATE、LOAD_TIME、FLIGHT_COUNT、AVG_DISCOUNT、SEG_KM_SUM、LAST_TO_END。删除与其不相关、弱相关或冗余的属性,属性选择后的数据集如表7-5所示。

表7-5 特征选取后的数据集(部分数据)

LOAD_TIME	FFP_DATE	LAST_TO_END	Flight_Count	SEG_KM_SUM	Avg_discount
2014/3/31	2006/11/2	1	107	580 717	0.961 639 043
2014/3/31	2007/2/19	7	72	293 678	1.252 314 44
2014/3/31	2007/2/1	11	70	283 712	1.254 675 516
2014/3/31	2008/8/22	97	10	281 336	1.090 869 565
2014/3/31	2009/4/10	5	81	309 928	0.970 657 895

（续表）

LOAD_TIME	FFP_DATE	LAST_TO_END	Flight_Count	SEG_KM_SUM	Avg_discount
2014/3/31	2008/2/10	79	42	294 585	0.967 692 483
2014/3/31	2006/3/22	1	51	287 042	0.965 346 535
2014/3/31	2010/4/9	3	43	287 230	0.962 070 222
2014/3/31	2011/6/7	6	23	321 489	0.828 478 237
2014/3/31	2010/7/5	15	25	375 074	0.708 010 153
2014/3/31	2010/11/18	22	23	262 013	0.988 658 044
2014/3/31	2004/11/13	6	88	271 438	0.952 534 87
2014/3/31	2006/11/23	67	15	321 529	0.799 126 984
2014/3/31	2006/10/25	3	66	179 514	1.398 381 742
2014/3/31	2010/2/1	2	25	270 067	0.921 984 841
2014/3/31	2008/3/28	65	11	234 721	1.026 084 586
2014/3/31	2010/7/15	7	55	172 231	1.386 524 9
2014/3/31	2010/11/10	45	25	284 160	0.837 844 243
2014/3/31	2006/4/6	2	32	169 358	1.401 596 264
2014/3/31	2011/8/29	24	18	332 896	0.708 285 41
2014/3/31	2008/7/30	4	62	167 113	1.369 404 116
2014/3/31	2011/6/7	6	15	214 590	1.061 630 924
2014/3/31	2005/4/10	23	51	305 250	0.741 803 833
2014/3/31	2010/4/13	74	7	222 380	1.004 904 443
2014/3/31	2010/2/14	17	27	281 837	0.787 308 444

我们根据客户关系长度 L、消费时间间隔 R、消费频率 F、飞行里程 M 和折扣系数的平均值 C 这 5 个特征作为航空公司识别客户价值的特征，并记为 LRFMC 模型。

3. 数据预处理——数据转换

由于原始数据中并没有直接给出 L、R、F、M、C 五个指标，需要通过原始数据提取这五个指标。根据 LRFMC 模型，我们将上述原始数据进行对应处理。会员入会时间距观测窗口结束的月数 L＝观测窗口的结束时间－入会时间（单位：月），即 L＝LOAD_TIME－FFP_DATE；客户最近一次乘坐公司飞机距观测窗口结束的月数 R＝最后一次乘机时间至观察窗口末端时长（单位：月），即 R＝LAST_TO_END；客户在观测窗口内乘坐公司飞机的次数 F＝观测窗口的飞行次数（单位：次），即 F＝Flight_Count；客户在观测窗口内累积的飞行里程 M＝观测窗口总飞行千米数（单位：km），即 M＝SEG_KM_SUM；客户在观测窗口内乘坐舱位所对应的折扣系数的平均值 C＝平均折扣率（单位：无），即 C＝Avg_discount。

♯ 代码 3

```
## 选取需求特征
airline_selection = airline[["FFP_DATE","LOAD_TIME",
    "FLIGHT_COUNT","LAST_TO_END",
    "avg_discount","SEG_KM_SUM"]]
```

```
## 构建 L 特征
L = pd. to_datetime(airline_selection["LOAD_TIME"]) - \
pd. to_datetime(airline_selection["FFP_DATE"])
L = L. astype("str"). str. split(). str[0]
L = L. astype("int")/30
## 合并特征
airline_features = pd. concat([L,
    airline_selection. iloc[:,2:]],axis = 1)
print('构建的 LRFMC 特征前5行为:\n',airline_features. head())
```

结果:构建的 LRFMC 特征前5行为如表7-6所示。

表7-6 LRFMC 特征前5行为

0	0	Flight_Count	LAST_TO_END	Avg_discount	SEG_KM_SUM
0	90. 200 000	210	1	961 639 043	580 717
1	86. 566 667	140	7	125 231 444	293 678
2	87. 166 667	135	11	1 254 675 516	283 712
3	68. 233 333	23	97	1 090 869 565	281 336
4	60. 633 333	152	5	970 657 895	309 928

完成上述5个特征的构建后,对每个特征数据分布情况进行分析,数据的分布情况如表7-7所示,通过分析可知,5个特征的数据集取值范围差异较大,为了消除数量级数据带来的影响,需要对数据做标准化处理。

表7-7 LRFMC 特征取值范围

特征名称	L	R	F	M	C
最小值	12. 23	0. 03	2	368	0. 14
最大值	114. 63	24. 37	213	580 717	1. 50

标准差标准化处理后,ZL、ZR、ZF、ZM 和 ZC 这5个特征的数据示例如表7-8所示。

表7-8 标准化处理前特征数据

ZL	ZR	ZF	ZM	ZC
1. 690	0. 140	-0. 636	0. 069	-0. 337
1. 690	-0. 322	0. 852	0. 844	-0. 554
1. 682	-0. 488	-0. 211	0. 159	-1. 095
1. 534	-0. 785	0. 002	0. 273	-1. 149
0. 890	-0. 427	-0. 636	-0. 604	-0. 391
-0. 233	-0. 691	-0. 636	-0. 604	-0. 391

♯ 代码 4

```
from sklearn. preprocessing import StandardScaler
data = StandardScaler(). fit_transform(airline_features)
np. savez('. . /tmp/airline_scale. npz',data)
print('标准化后 LRFMC 五个特征为:\n',data[:5,:])
```

结果:标准化后 LRFMC 模型的 5 个特征如表 7-9 所示。

表 7-9　标准化处理后特征数据

1. 435 7	14. 034 1	−0. 944 9	1. 295 5	26. 761 3
1. 307 1	9. 073 2	−0. 911 9	2. 868 1	13. 126 9
1. 328 3	8. 718 9	−0. 889 8	2. 880 9	12. 653 5
0. 658 4	0. 781 5	0. 416 1	1. 994 7	12. 540 7
0. 386 0	9. 923 7	−0. 922 9	1. 344 3	13. 899 8

以上操作过程截图如图 7-13 所示。

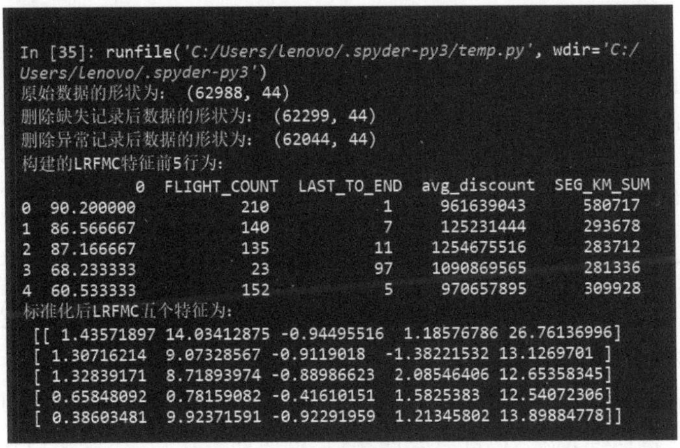

图 7-13　操作过程截图

7.2.6　使用 *K*-Means 聚类方法进行客户分群

K-Means 聚类算法是在数值类型数据的基础上进行研究的,然而数据分析的样本复杂多样,因此要求不仅能够对以特征为数值类型的数据进行分析,还要适应数据类型的变化,对不同特征做不同变换,以满足算法的要求。

代码如下:

```
import numpy as np
import pandas as pd
from sklearn. cluster import KMeans ♯导入 kmeans 算法
```

```
airline_scale = np. load('.. /tmp/airline_scale. npz')['arr_0']
k = 5
kmeans_model = KMeans(n_clusters = k,n_jobs=4,random_state=123)
fit_kmeans = kmeans_model. fit(airline_scale)
kmeans_model. cluster_centers_
kmeans_model. labels_
r1 = pd. Series(kmeans_model. labels_). value_counts()
print('最终每个类别的数目为:\n',r1)
```

采用 K-Means 聚类算法对客户数据进行客户分群,聚成五类(需要结合业务的理解与分析来确定客户的类别数量)。使用 scikit-learn 库下的聚类子库(sklearn. cluster)可以实现 K-Means 聚类算法。使用标准化后的数据进行聚类,对数据进行聚类分群的结果如表 7-10 所示。

表 7-10 客户聚类结果

聚类类别	聚类个数	聚 类 中 心				
		ZL	ZR	ZF	ZM	ZC
客户群 1	5 337	0.483	−0.799	2.483	2.424	0.308
客户群 2	15 735	1.160	−0.377	−0.087	−0.095	−0.158
客户群 3	12 130	−0.314	1.686	−0.574	−0.537	−0.171
客户群 4	24 644	−0.701	−0.415	−0.161	−0.165	−0.255
客户群 5	4 198	0.057	−0.006	−0.227	−0.230	2.191

针对上述聚类结果进行特征分析可知,其中客户群 1 在 F、M 特征上最大,在 R 特征上最小;客户群 2 在 L 特征上最大;客户群 3 在 R 特征上最大,在 F、M 特征上最小;客户群 4 在 L、C 特征上最小;客户群 5 在 C 特征上最大。根据该特征分析,我们定义了 5 个等级的客户类别:重要保护客户、重要发展客户、重要挽留客户、一般客户和低价值客户。

针对聚类结果进行特征分析,绘制客户分群雷达图。如图 7-14 所示。

结合业务分析,通过比较各个特征在群间的大小对某一个群的特征进行评价分析。总结出每个群的优势和弱势特征,具体结果如表 7-11 所示。

表 7-11 客户群特征描述表

群类别	优 势 特 征					弱 势 特 征				
客户群 1	C						R	F		M
客户群 2	L	R		F	M	C				
客户群 3							L	R	F	M
客户群 4	R						L			C
客户群 5	L		F		M					

注:正常字体表示最大值,加粗字体表示次大值,斜体字体表示最小值,带下划线的字体表示次小值。

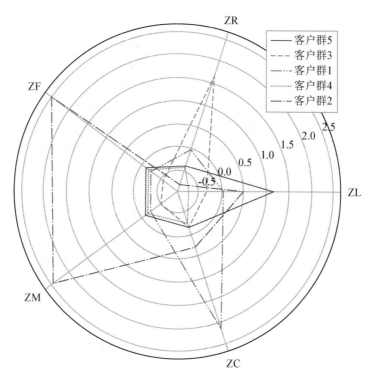

图 7-14 航空公司客户特征分析雷达图

定义 5 个等级的客户类别：重要保持客户、重要发展客户、重要挽留客户、一般客户、低价值客户。每种客户类别的特征如图 7-15 所示。

	重要保持客户	重要发展客户	重要挽留客户	一般客户与低价值客户
平均折扣系数 (C)				
最近乘机距今的时间长度 (R)				
飞行次数 (F)				
总飞行里程 (M)				
会员入会时间 (L)				

图 7-15 航空公司客户类别的特征分析图

（1）重要保持客户。这类客户的平均折扣系数（C）较高（一般所乘航班的舱位等级较高），最近乘机距今的时间长度（R）低，飞行次数（F）或总飞行里程（M）较高。他们是航空公司的高价值客户,是最为理想的客户类型,对航空公司的贡献最大,所占比例却最小,航空公司应该优先将资源投放到他们身上,对他们进行差异化管理和一对一服务,提高这类客户的忠诚度与满意度,尽可能延长这类客户的高水平消费。

(2) 重要发展客户。这类客户的平均折扣系数(C)较高,最近乘机距今的时间长度(R)较低,但飞行次数(F)或总飞行里程(M)较低。这类客户优惠时长短,他们是航空公司的潜在价值客户,虽然这类客户的当前价值并不是很高,但却有很大的发展潜力,航空公司要努力促使这类客户增加在本公司的乘积消费和合作伙伴处的消费,也就是增加客户的钱包份额,通过客户价值的提升加强这类客户的满意度,提高他们转向竞争对手的转移成本,使他们逐渐成为公司的忠诚客户。

(3) 重要挽留客户。这类客户过去所乘航班的平均折扣系数(C)、飞行次数(F)或者总飞行里程(M)较高,但是已经较长时间没有乘坐本公司的航班,或是乘坐频率变小,这类客户价值变化的不确定性很高。由于这类客户衰退的原因各不相同,所以掌握客户的最新信息,维持与客户的互动就显得尤为重要,航空公司应该根据这类客户的最近消费时间消费次数的变化情况。客户消费的移动状况,并列出客户名单,对其重点联系。采取一定的营销手段,延长客户的生命周期。

(4) 一般客户与低价值客户。这类客户所乘航班的平均折扣系数(C)很低,较长时间没有乘坐过本公司航班(R 较高),飞行次数(F)或总飞行里程(M)较低,入会时长(L)短。他们是航空公司的一般用户与低价值客户,可能是在航空公司机票打折促销时才会乘坐本公司航班。

结合上述分析的客户群类别,我们可以得出如下结果:客户群 1 是重要保持客户,客户群 5 是重要发展客户,客户群 2 是重要挽留客户,客户群 4 是一般客户,客户群 3 是低价值客户。

习 题

1. 在聚类分析中,如果将客户分成 4 类,在代码中应改写哪个值?

2. 如何理解密度聚类、层次聚类和 K-means 聚类的特点?

3. 简述 K-means 算法的聚类流程。

4. 在进行 K-means 聚类时,分析如何更好地确定聚类数目 K 的值?

5. 为了推进信用卡业务良性发展,减少坏账风险,各大银行都进行了信用卡客户风险识别的相关工作,建立了相应的客户风险识别模型。某银行因旧的风险识别模型随时间推移不再适应业务发展需求,需要重新进行风险识别模型构建。目前,银行给出的信用卡信息数据包括了客户的基本个人信息(职业、年龄、收入水平)、是否有逾期、呆账和强账停卡记录等有关信息,请根据相关数据构建 K-means 聚类模型,并求出聚类中心、每类的用户数目等。

第 8 章

Python 应用：商品零售购物篮分析

📖 **本章知识点**

(1) 了解关联分析的 Apriori 算法基本原理。

(2) 构建零售商品的 Apriori 关联规则模型，分析商品之间的关联性。

(3) 了解 Apriori 关联规则算法在购物篮分析实例中的应用。

在现实中，我们经常会碰到这样的问题：在商业销售上，如何通过交叉销售得到更多的收入？在保险方面，如何分析索赔要求发现潜在的欺诈行为？在银行方面，如何分析顾客消费行业，以便有针对性地向其推荐感兴趣的服务？哪些制造零件和设备设置与故障事件关联？哪些病人和药物属性与结果关联？哪些商品是已经购买商品 A 的人最有可能购买的？

除此之外，人们希望从大量的商业交易记录中发现有价值的关联知识，以帮助进行商品目录的设计、交叉营销或其他有关的商业决策。在商业销售上，关联规则可用于交叉销售，以得到更多的收入；在保险业务方面，如果出现了不常见的索赔要求组合，则可能为欺诈行为，需要进一步调查；在医疗方面，找出可能的治疗组合；在银行方面，对顾客进行分析，可以推荐感兴趣的服务等。这些都属于关联规则挖掘问题，关联规则挖掘的目的是在一个数据集中找出各项之间的关系，从大量的数据中挖掘出有价值的描述数据项之间相互联系的有关知识。随着收集和存储在数据库中的数据规模越来越大，人们对从这些数据中挖掘相应的关联知识越来越有兴趣。众所周知的"尿布与啤酒"的故事就是一个最为典型的运用数据挖掘技术对大量交易数据进行挖掘分析，从而找到内在关联规律的一个关联分析案例。

8.1 关联规则理论概述

所谓关联规则（Association），就是揭示数据之间的相互关系，而这种关系没有在数据中直接表示出来。关联分析的任务就是发现事物间的关联规则或称相关程度。关联规则的一般形式是：如果 A 发生，则 B 有百分之 C 的可能发生。C 称为关联规则的置信度

(Confidence)。

如果问题的全域是商店中所有商品的集合,则对每种商品都可以用一个布尔量来表示该商品是否被顾客购买,则每个购物篮都可以用一个布尔向量表示;而通过分析布尔向量则可以得到商品被频繁关联或被同时购买的模式,这些模式就可以用关联规则表示,关联规则也叫购物篮分析。

关联规则应用场景主要包括:购物篮分析、分类设计、货存安排、捆绑销售和亏本销售分析;电子商务网站的交叉推荐销售;超市里货架摆放设计;服装制造企业对于流水线制造服装的缺陷管理;视频、音乐、图书等的个性化推荐等各种情况。关联分析算法常用Apriori算法和FP-growth算法。

8.1.1　Apriori算法基本原理

Apriori算法是经典的挖掘频繁项集和关联规则的数据挖掘算法,它可以从大规模数据集中寻找物品间的隐含关系。其核心思想是通过连接产生候选项及其支持度,然后通过剪枝生成频繁项集。

项集:包含0个或者多个项的集合称为项集。在购物篮事务中,每一样商品就是一个项,一次购买行为包含了多个项,把其中的项组合起来就构成了项集。

支持度计数:项集在事务中出现的次数。

频繁项集:经常出现在一块的物品集合。

关联规则:暗示两种物品之间可能存在很强的关系。

Support(支持度):表示同时包含 A 和 B 的事务占所有事务的比例。如果用 $P(A)$ 表示包含 A 的事务的比例,那么 Support $=P(A \ \& \ B)$。

Confidence(可信度/置信度):表示包含 A 的事务中同时包含 B 的事务的比例,即同时包含 A 和 B 的事务占包含 A 的事务的比例。公式为 Confidence $=P(A \ \& \ B)/P(A)$。

Apriori算法两个重要的定律:

定律1:如果一个集合是频繁项集,则它的所有子集都是频繁项集。

定律2:如果一个集合不是频繁项集,则它的所有超集都不是频繁项集。

8.1.2　FP-growth算法基本原理

FP-growth算法基于Apriori构建,但采用了高级的数据结构减少扫描次数,大大加快了算法速度。FP-growth算法只需要对数据库进行两次扫描,而Apriori算法对于每个潜在的频繁项集都会扫描数据集判定给定模式是否频繁,因此FP-growth算法的速度要比Apriori算法快。

缺点:实现比较困难,在某些数据集上性能会下降。

适用数据类型:离散型数据。

Lift(提升度):表示"包含 A 的事务中同时包含 B 的事务的比例"与"包含 B 的事务的比例"的比值。公式为 Lift $=(P(A \ \& \ B)/P(A))/P(B)=P(A \ \& \ B)/P(A)/P(B)$。提升度反映了关联规则中 A 与 B 的相关性,提升度>1且越高表明正相关性越高,提升度<1且越低表明负相关性越高,提升度$=$1表明没有相关性。

FP-growth算法实现基本过程如下：

（1）第一次扫描数据，得到所有频繁项集的计数。然后删除支持度低于阈值的项，将1项频繁集放入项头表，并按照支持度降序排列。

（2）第二次扫描数据，将读到的原始数据剔除非频繁1项集，并按照支持度降序排列。至此，通过两次扫描数据建立项头表。

（3）构建FP树。读入排序后的数据集，插入FP树，插入时按照排序后的顺序，插入FP树中，排序靠前的节点是父节点，而靠后的是子节点。如果有共同的链表，则对应的公用父节点计数加1。插入后，如果有新节点出现，则项头表对应的节点会通过节点链表链接上新节点。直到所有的数据都插入到FP树后，FP树的建立完成。

（4）挖掘频繁项集。从项头表的底部项依次向上找到项头表项对应的条件模式基。从条件模式基递归挖掘得到项头表项的频繁项集，同时返回频繁项集对应的节点计数值。

（5）如果不限制频繁项集的项数，则返回步骤4所有的频繁项集，否则只返回满足项数要求的频繁项集。

8.2　案例：商品零售购物篮分析

8.2.1　背景与挖掘目标

随着经济的快速发展，产品的品种和数量也越来越多，由于现代商品种类繁多，顾客往往会由于需要购买的商品众多而变得疲于选择，且顾客并不会因为商品选择丰富而选择购买更多的商品。例如，货架上有可口可乐和百事可乐，若顾客需要选购可乐若干，或许会同时购买两种可乐，但是购买可乐的数量大多数情况下不会因为品牌数量增加而增加。繁杂的选购过程往往会带给顾客疲惫的购物体验。对于某些商品，顾客会选择同时购买，如面包与牛奶、薯片与可乐等，当面包与牛奶或者薯片与可乐分布在商场的两侧，且距离十分遥远时，顾客购买的欲望就会减少，在时间紧迫的情况下顾客甚至会放弃购买某些计划购买的商品。相反，把牛奶与面包摆放在相邻的位置，既给顾客提供便利，提升购物体验，又提高顾客购买的概率，从而达到了促销的目的。许多商场以打折方式作为主要促销手段，以更少的利润为代价获得更高的销量。打折往往会使顾客增加原计划购买商品的数量，对于原计划不打算购买且不必要的商品，打折的吸引力远远不足。而正确的商品摆放却能提醒顾客购买某些必需品，甚至吸引他们购买感兴趣的商品。

购物篮分析就是通过发现顾客在一次购买行为中放入购物篮中不同商品之间的关联，研究顾客的购买行为，从而辅助零售企业制定营销策略的一种数据分析方法。本章使用Apriori关联规则算法实现购物篮分析，发现超市不同商品之间的关联关系，并根据商品之间的关联规则制定销售策略。定义数据挖掘目标：①构建零售商品的Apriori关联规则模型，分析商品之间的关联性；②根据模型结果给出销售策略。

商品购物篮分析的总体流程如图8-1所示，购物篮关联规则分析数据挖掘步骤如下：

（1）对原始数据进行探索性分析，分析商品的热销情况与商品结构。

（2）对原始数据进行数据预处理，转换数据形式，使之符合 Apriori 关联规则算法要求。

（3）采用 Apriori 关联规则算法调整模型的输入参数，完成商品的关联性分析。

（4）结合实际业务，对模型结果进行分析，给出对应的销售策略。

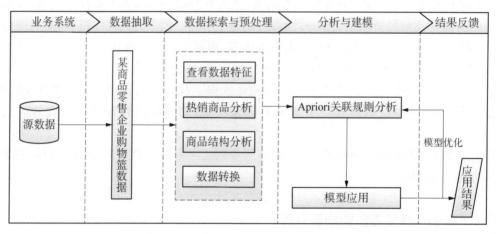

图 8-1　商品购物篮分析的总体流程

8.2.2　数据特征分析

探索数据特征是了解数据的第一步。分析商品热销情况和结构，是为了更好地实现企业的经营目标。商品管理应坚持商品齐全和商品优选的原则，产品销售基本满足"二八定律"即 80% 的销售额是由 20% 的商品创造的，这些商品是企业主要盈利商品，要作为商品管理的重中之重。商品热销情况分析和结构分析也是商品管理不可或缺的一部分，其中商品结构分析能够帮助保证商品的齐全性，热销情况分析可以助力于商品优选。

1. 描述性分析

某商品零售企业共收集了 9 835 个购物篮的数据，购物篮数据主要包括 3 个属性：id、Goods 和 Types。属性的具体说明如表 8-1 所示。

表 8-1　商品购物篮数据的属性

表名	属性名称	属性说明
GoodsOrder	id	商品所属类别的编号
	Goods	具体的商品名称
GoodsTypes	Goods	具体的商品名称
	Types	商品类别

代码如下：

```
import numpy as np
import pandas as pd
inputfile = 'D:/Python/data8/GoodsOrder.csv'    ♯ 输入的数据文件
data = pd.read_csv(inputfile,encoding = 'gbk')    ♯ 读取数据
data.info()    ♯ 查看数据属性
data = data['id']
description = [data.count(),data.min(), data.max()]    ♯ 依次计算总数、最
小值、最大值
description = pd.DataFrame(description, index = ['Count','Min', 'Max']). T
♯ 将结果存入数据框
print('描述性统计结果:\n', np.round(description))    ♯ 输出结果
```

结果如图 8-2 所示。

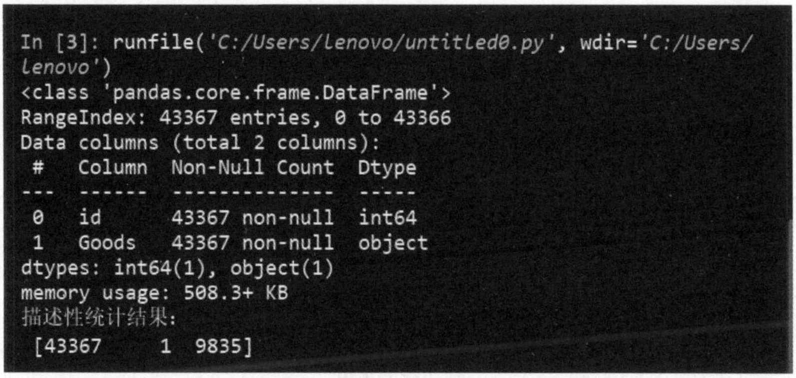

```
In [3]: runfile('C:/Users/Lenovo/untitled0.py', wdir='C:/Users/
lenovo')
<class 'pandas.core.frame.DataFrame'>
RangeIndex: 43367 entries, 0 to 43366
Data columns (total 2 columns):
 #   Column  Non-Null Count  Dtype
---  ------  --------------  -----
 0   id      43367 non-null  int64
 1   Goods   43367 non-null  object
dtypes: int64(1), object(1)
memory usage: 508.3+ KB
描述性统计结果:
 [43367     1  9835]
```

图 8-2　商品购物篮数据特征分析结果

通过分析可知，发现共有 43 367 个观测值（售出商品总数），不存在缺失值，共有 9 835 条购物篮数据。

2. 分布分析

1）商品热销情况分布分析

商品热销情况分析是商品管理不可或缺的一部分，可以助力于商品优选。计算销量排行前 10 商品的销量及占比，并绘制条形图显示销量前 10 商品的销量情况。销量排行前 10 商品的销量及其占比情况，如表 8-2 所示。

代码如下：

```
♯ 销量排行前 10 商品的销量及其占比
import pandas as pd
inputfile = 'D:/Python/data8/GoodsOrder.csv'    ♯ 输入的数据文件
```

```
data = pd. read_csv(inputfile, encoding = 'gbk')    # 读取数据
group = data. groupby(['Goods']). count(). reset_index()    # 对商品进行分类汇总
# reset_index()把索引变为内容
sorted = group. sort_values('id', ascending=False)
print('销量排行前 10 商品的销量:\n', sorted[:10])    # 排序并查看前 10 位热
销商品
```

表 8-2　销量排行前 10 商品的销量及其占比情况

商品名称	销量/件	销量占比/%
全脂牛奶	2 513	5.795
其他蔬菜	1 903	4.388
面包卷	1 809	4.171
苏打	1 715	3.955
酸奶	1 372	3.164
瓶装水	1 087	2.507
根茎类蔬菜	1 072	2.472
热带水果	1 032	2.380
购物袋	969	2.234
香肠	924	2.131

再进一步分析销量排行前 10 商品的销量。

代码如下：

```
# 画条形图展示销量排行前 10 商品的销量
import matplotlib. pyplot as plt
x=sorted[:10]['Goods']
y=sorted[:10]['id']
plt. figure(figsize = (8, 4))    # 设置画布大小
plt. barh(x, y)
plt. rcParams['font. sans-serif'] = 'SimHei'
plt. xlabel('销量')    # 设置 x 轴标题
plt. ylabel('商品类别')    # 设置 y 轴标题
plt. title('商品的销量 TOP10')    # 设置标题
plt. savefig('D: /Python/ tmp/ top10. png')    # 把图片以.png 格式保存
plt. show()    # 展示图片
```

结果如图 8-3 所示。

通过分析热销商品的结果可知,全脂牛奶销售量最高,销量为 2513 件,占比 5.795%;
其次是其他蔬菜、面包卷和苏打,占比分别为 4.388%、4.171%、3.955%。

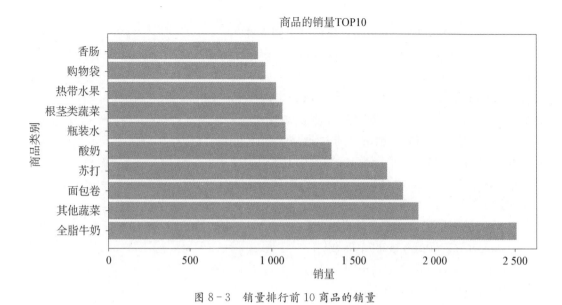

图 8-3　销量排行前 10 商品的销量

2) 商品结构分布分析

对每一类商品的热销程度进行分析,有利于商家制定商品在货架的摆放策略和位置,若是某类商品较为热销,商场可以把此类商品摆放到商场的中心位置,方便顾客选购。或者放在商场深处位置,使顾客在购买热销商品前经过非热销商品,增加在非热销商品处的停留时间,促进非热销产品的销量。

代码如下:

```python
import pandas as pd
inputfile1 = 'D:/Python/data8/GoodsOrder.csv'
inputfile2 = 'D:/Python/data8/GoodsTypes.csv'
data = pd.read_csv(inputfile1,encoding = 'gbk')
types = pd.read_csv(inputfile2,encoding = 'gbk')   # 读入数据
group = data.groupby(['Goods']).count().reset_index()
sort = group.sort_values('id',ascending = False).reset_index()
data_nums = data.shape[0]   # 总量
del sort['index']
# 先 reset_index()再 del 的作用是自动生成按序排列的索引
sort_links = pd.merge(sort,types)
# 根据相同的列名 k 合并两个 datafreame
# 根据类别求出每个商品类别的总量,并排序
sort_link = sort_links.groupby(['Types']).sum().reset_index()
sort_link = sort_link.sort_values('id',ascending = False).reset_index()
del sort_link['index']   # 删除"index"列
```

```
# 求百分比,然后更换列名,最后输出到文件
sort_link['count'] = sort_link. apply(lambda line: line['id']/ data_nums,axis=
1)
sort_link. rename(columns = {'count':'percent'},inplace = True)
# inplace = True 不创建新的对象,直接对原始对象进行修改
print('各类别商品的销量及其占比:\n',sort_link)
outfile1 = 'D:/Python/tmp/percent. csv'
sort_link. to_csv(outfile1,index = False,header = True,encoding='gbk')  #
保存结果
# 画饼图展示每类商品销量占比
import matplotlib. pyplot as plt
data = sort_link['percent']
labels = sort_link['Types']
plt. figure(figsize=(8,6))  # 设置画布大小
plt. pie(data,labels=labels,autopct='%1.2f%%')
plt. rcParams['font. sans-serif'] = 'SimHei'
plt. title('每类商品销量占比')  # 设置标题
plt. savefig('D:/Python/tmp/persent. png')  # 把图片以. png 格式保存
plt. show()
```

结果如表 8-3 所示。

表 8-3 销量排行前 10 商品的销量及其占比情况

商品类别	销量	销量占比
非酒精饮料	7 594	17.51%
西点	7 192	16.58%
果蔬	7 146	16.48%
米粮调料	5 185	11.96%
百货	5 141	11.85%
肉类	4 870	11.23%
酒精饮料	2 287	5.27%
食品类	1 870	4.31%
零食	1 459	3.36%
熟食	541	1.25%

原始数据中的商品本身已经过归类处理,但是部分商品还是存在一定的重叠,故再次对其进行归类处理。分析归类后各类别商品的销量及其占比,并绘制饼图显示各类商品的销量占比情况(见图 8-4)。

图 8-4　每类商品的销量占比

进一步查看销量第一的非酒精饮料类商品的内部商品结构，并绘制饼图显示其销量占比情况。

代码如下：

```
# 先筛选"非酒精饮料"类型的商品,然后求百分比,并输出结果到文件
selected = sort_links.loc[sort_links['Types'] == '非酒精饮料']   # 挑选商品
类别为"非酒精饮料"并排序
child_nums = selected['id'].sum()   # 对所有的"非酒精饮料"求和
# selected = selected.copy()
selected['child_percent'] = selected.apply(lambda line: line['id']/ child_nums,
axis = 1)   # 求百分比
selected.rename(columns = {'id':'count'}, inplace = True)
print('非酒精饮料内部商品的销量及其占比:\n', selected)
outfile2 = 'D:/ Python/ tmp/ child_percent.csv'
sort_link.to_csv(outfile2, index = False, header = True, encoding='gbk')   #
输出结果
# 画饼图展示非酒精饮品内部各商品的销量占比
import matplotlib.pyplot as plt
data = selected['child_percent']
labels = selected['Goods']
plt.figure(figsize = (8,6))   # 设置画布大小
explode = (0.02,0.03,0.04,0.05,0.06,0.07,0.08,0.08,0.3,0.1,0.3)   # 设
置每一块分割出的间隙大小
```

```
plt. pie(data, explode = explode, labels = labels, autopct = '%1.2f%%',
    pctdistance = 1.1, labeldistance = 1.2)
# labeldistance :label 标记的绘制位置,相对于半径的比例,默认值为1.1,如<1
则绘制在饼图内侧;
# autopct :控制饼图内百分比设置,可以使用 format 字符串或者 format
function'%1.1f'指小数点前后位数(没有用空格补齐);
# pctdistance :类似于 labeldistance,指定 autopct 的位置刻度,默认值为0.6;
plt. rcParams['font. sans-serif'] = 'SimHei'
plt. title("非酒精饮料内部各商品的销量占比")    # 设置标题
plt. axis('equal')
plt. savefig('D:/Python/tmp/child_persent. png')    # 保存图形
plt. show()    # 展示图形
```

其结果如表8-4所示。

表8-4　非酒精饮料类商品的内部商品结构

商品类别	销量/件	销量占比/%
全脂牛奶	2 513	33.09
苏打	1 715	22.58
瓶装水	1 087	14.31
水果/蔬菜汁	711	9.36
咖啡	571	7.54
超高温杀菌的牛奶	329	4.33
其他饮料	279	3.67
一般饮料	256	3.37
速溶咖啡	73	0.96
茶	38	0.50
可可饮料	22	0.29

通过分析非酒精饮料内部商品的销量及其占比情况可知(见图8-5),全脂牛奶的销量在非酒精饮料的总销量中占比超过33%,前3种非酒精饮料的销量在非酒精饮料的总销量中占比接近70%,说明了大部分顾客到店购买的饮料为这3种,需要时常注意货物的库存,定期补货必不可少。

8.2.3　数据预处理

通过对数据探索分析,发现数据完整,并不存在缺失值。建模之前需要转变数据的格式,才能使用 Apriori 函数进行关联分析。

采用关联规则算法,挖掘它们之间的关联关系。关联规则算法主要用于寻找数据中项集之间的关联关系。它揭示了数据项间的未知关系,基于样本的统计规律,进行关联规

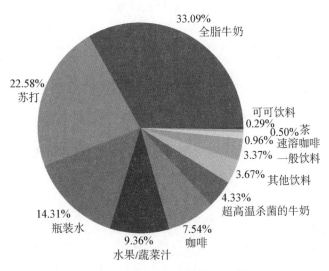

图 8-5　非酒精饮料内部各商品的销量占比

则分析。根据所分析的关联关系，可从一个属性的信息来推断另一个属性的信息。当置信度达到某一阈值时，就可以认为规则成立。Apriori 算法是常用的关联规则算法之一，也是最为经典的分析频繁项集的算法，第一次实现在大数据集上可行的关联规则提取的算法。除此之外，还有 FP-Tree 算法，Eclat 算法和灰色关联算法等。主要使用 Apriori 算法进行分析。本次商品购物篮关联规则建模的流程如图 8-6 所示。

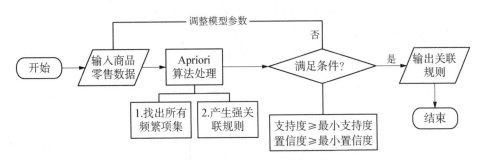

图 8-6　商品购物篮关联规则建模的流程

　　模型主要由输入、算法处理、输出 3 个部分组成。输入部分包括：建模样本数据的输入、建模参数的输入。算法处理部分是采用 Apriori 关联规则算法进行处理。输出部分为采用 Apriori 关联规则算法进行处理后的结果。模型具体实现步骤如下：

　　（1）首先设置建模参数最小支持度、最小置信度，输入建模样本数据。

　　（2）然后采用 Apriori 关联规则算法对建模的样本数据进行分析，以模型参数设置的最小支持度、最小置信度以及分析目标作为条件，如果所有的规则都不满足条件，则需要重新调整模型参数，否则输出关联规则结果。目前，如何设置最小支持度与最小置信度，并没有统一的标准。大部分都是根据业务经验设置初始值，然后经过多次调整，获取与业务相符的关联规则结果。本案例经过多次调整并结合实际业务分析，选取模型的输入参数为最小支持度 0.02、最小置信度 0.35。运行关联规则代码,得到的结果如图 8-7 所示。

```
frozenset({'水果/蔬菜汁'}) --> frozenset({'全脂牛奶'}) 支持度 0.02664 置信度: 0.368495 lift值为: 1.44216
frozenset({'人造黄油'}) --> frozenset({'全脂牛奶'}) 支持度 0.024199 置信度: 0.413194 lift值为: 1.617098
…    …    …    …
frozenset({'根茎类蔬菜', '其他蔬菜'}) --> frozenset({'全脂牛奶'}) 支持度 0.023183 置信度: 0.48927 lift值为: 1.914833
```

图 8-7 关联规则代码调试结果分析

根据多次试验,得出了 26 个关联规则。根据规则结果,可整理出购物篮关联规则模型结果。

代码如下:

```
♯ 构建关联规则模型
from numpy import *
 def createC1(dataSet):
    C1 = []
    for transaction in dataSet:
        for item in transaction:
            if not [item] in C1:
                C1.append([item])
    C1.sort()
    ♯ 映射为 frozenset 唯一性的,可使用其构造字典
    return list(map(frozenset, C1))
♯ 从候选 K 项集到频繁 K 项集(支持度计算)
def scanD(D, Ck, minSupport):
    ssCnt = {}
    for tid in D:    ♯ 遍历数据集
        for can in Ck:   ♯ 遍历候选项
            if can.issubset(tid):   ♯ 判断候选项中是否含数据集的各项
                if not can in ssCnt:
                    ssCnt[can] = 1   ♯ 不含设为1
                else:
                    ssCnt[can] += 1   ♯ 有则计数加1
    numItems = float(len(D))    ♯ 数据集大小
    retList = []   ♯ L1初始化
    supportData = {}   ♯ 记录候选项中各个数据的支持度
    for key in ssCnt:
        support = ssCnt[key] / numItems   ♯ 计算支持度
        if support >= minSupport:
```

```
                    retList. insert(0，key)    ♯ 满足条件加入 L1 中
                    supportData[key] = support
        return retList，supportData
    def calSupport(D，Ck，min_support)：
        dict_sup = {}
        for i in D：
            for j in Ck：
                if j. issubset(i)：
                    if not j in dict_sup：
                        dict_sup[j] = 1
                    else：
                        dict_sup[j] += 1
        sumCount = float(len(D))
        supportData = {}
        relist = []
        for i in dict_sup：
            temp_sup = dict_sup[i] / sumCount
            if temp_sup >= min_support：
                relist. append(i)
    ♯ 此处可设置返回全部的支持度数据(或者频繁项集的支持度数据)
                supportData[i] = temp_sup
        return relist，supportData
    ♯ 改进剪枝算法
    def aprioriGen(Lk，k)：
        retList = []
        lenLk = len(Lk)
        for i in range(lenLk)：
            for j in range(i + 1，lenLk)：  ♯ 两两组合遍历
                L1 = list(Lk[i])[:k - 2]
                L2 = list(Lk[j])[:k - 2]
                L1. sort()
                L2. sort()
                if L1 == L2： ♯ 前 k-1 项相等,则可相乘,这样可防止重复项
出现
                    ♯ 进行剪枝(a1 为 k 项集中的一个元素,b 为它的所有 k-1 项
子集)
                    a = Lk[i] | Lk[j]  ♯ a 为 frozenset()集合
```

```
                a1 = list(a)
                b = []
                # 遍历取出每一个元素,转换为 set,依次从 a1 中剔除该元素,
并加入 b 中
                for q in range(len(a1)):
                    t = [a1[q]]
                    tt = frozenset(set(a1) - set(t))
                    b.append(tt)
                t = 0
                for w in b:
                    # 当 b(即所有 k-1 项子集)都是 Lk(频繁的)的子集,则
保留,否则删除。
                    if w in Lk:
                        t += 1
                if t == len(b):
                    retList.append(b[0] | b[1])
    return retList
def apriori(dataSet, minSupport=0.2):
    # 前 3 条语句是对计算查找单个元素中的频繁项集
    C1 = createC1(dataSet)
    D = list(map(set, dataSet))    # 使用 list()转换为列表
    L1, supportData = calSupport(D, C1, minSupport)
    L = [L1]    # 加列表框,使得 1 项集为一个单独元素
    k = 2
    while (len(L[k - 2]) > 0):    # 是否还有候选集
        Ck = aprioriGen(L[k - 2], k)
        Lk, supK = scanD(D, Ck, minSupport)    # scan DB to get Lk
        supportData.update(supK)    # 把 supk 的键值对添加到 supportData 里
        L.append(Lk)    # L 最后一个值为空集
        k += 1
    del L[-1]    # 删除最后一个空集
    return L, supportData    # L 为频繁项集,为一个列表,1,2,3 项集分别为一
个元素
    # 生成集合的所有子集
def getSubset(fromList, toList):
    for i in range(len(fromList)):
        t = [fromList[i]]
```

```
                tt = frozenset(set(fromList) - set(t))
            if not tt in toList：
                    toList. append(tt)
                    tt = list(tt)
                    if len(tt) > 1：
                        getSubset(tt，toList)
    def calcConf(freqSet，H，supportData，ruleList，minConf=0. 7)：
        for conseq in H：  ＃遍历 H 中的所有项集并计算它们的可信度值
                conf = supportData[freqSet] / supportData[freqSet - conseq]  ＃ 可
信度计算,结合支持度数据
                ＃ 提升度 lift 计算 lift = p(a & b) / p(a) * p(b)
                lift = supportData[freqSet] / (supportData[conseq] * supportData
[freqSet - conseq])
                f_test = open (r'D：\test. txt','a')
                if conf >= minConf and lift > 1：
                            print(freqSet - conseq,'-->', conseq,'支持度',
round(supportData[freqSet], 6),'置信度:', round(conf, 6),
                    'lift 值为:', round(lift, 6),file=f_test)
                            print(freqSet - conseq,'-->', conseq,'支持度',
round(supportData[freqSet], 6),'置信度:', round(conf, 6),
                    'lift 值为:', round(lift, 6))
                ruleList. append((freqSet - conseq, conseq, conf))
        f_test. close()
    ＃ 生成规则
    def gen_rule(L，supportData，minConf = 0. 7)：
        bigRuleList = []
        for i in range(1，len(L))：  ＃ 从二项集开始计算
        for freqSet in L[i]：  ＃ freqSet 为所有的 k 项集
                ＃ 求该三项集的所有非空子集,1 项集,2 项集,直到 k-1 项集,用
H1 表示,为 list 类型,里面为 frozenset 类型,
                H1 = list(freqSet)
                all_subset = []
                getSubset(H1，all_subset)  ＃ 生成所有的子集
                    calcConf (freqSet，all _ subset，supportData，bigRuleList，
minConf)
        return bigRuleList
    if __name__ == '__main__'：
```

```
dataSet = data_translation
L，supportData = apriori(dataSet，minSupport = 0.02)
rule = gen_rule(L，supportData，minConf = 0.35)
```

其结果如表8－5所示。

表8－5　购物篮关联规则模型结果

lhs		rhs	支持度	置信度	lift
{'水果/蔬菜汁'}	=>	{'全脂牛奶'}	0.026 64	0.368 495	1.442 16
{'人造黄油'}	=>	{'全脂牛奶'}	0.024 199	0.413 194	1.617 098
{'仁果类水果'}	=>	{'全脂牛奶'}	0.030 097	0.397 849	1.557 043
{'牛肉'}	=>	{'全脂牛奶'}	0.021 251	0.405 039	1.585 18
{'冷冻蔬菜'}	=>	{'全脂牛奶'}	0.020 437	0.424 947	1.663 094
{'本地蛋类'}	=>	{'其他蔬菜'}	0.022 267	0.350 962	1.813 824
{'黄油'}	=>	{'其他蔬菜'}	0.020 031	0.361 468	1.868 122
{'本地蛋类'}	=>	{'全脂牛奶'}	0.029 995	0.472 756	1.850 203
{'黑面包'}	=>	{'全脂牛奶'}	0.025 216	0.388 715	1.521 293
{'糕点'}	=>	{'全脂牛奶'}	0.033 249	0.373 714	1.462 587
{'酸奶油'}	=>	{'其他蔬菜'}	0.028 876	0.402 837	2.081 924
{'猪肉'}	=>	{'其他蔬菜'}	0.021 657	0.375 661	1.941 476
{'酸奶油'}	=>	{'全脂牛奶'}	0.032 232	0.449 645	1.759 754
{'猪肉'}	=>	{'全脂牛奶'}	0.022 166	0.384 48	1.504 719
{'根茎类蔬菜'}	=>	{'全脂牛奶'}	0.048 907	0.448 694	1.756 031
{'根茎类蔬菜'}	=>	{'其他蔬菜'}	0.047 382	0.434 701	2.246 605
{'凝乳'}	=>	{'全脂牛奶'}	0.026 131	0.490 458	1.919 481
{'热带水果'}	=>	{'全脂牛奶'}	0.042 298	0.403 101	1.577 595
{'柑橘类水果'}	=>	{'全脂牛奶'}	0.030 503	0.368 55	1.442 377
{'黄油'}	=>	{'全脂牛奶'}	0.027 555	0.497 248	1.946 053
{'酸奶'}	=>	{'全脂牛奶'}	0.056 024	0.401 603	1.571 735
{'其他蔬菜'}	=>	{'全脂牛奶'}	0.074 835	0.386 758	1.513 634
{'其他蔬菜'，'酸奶'}	=>	{'全脂牛奶'}	0.022 267	0.512 881	2.007 235
{'全脂牛奶'，'酸奶'}	=>	{'其他蔬菜'}	0.022 267	0.397 459	2.054 131
{'根茎类蔬菜'，'全脂牛奶'}	=>	{'其他蔬菜'}	0.023 183	0.474 012	2.449 77
{'根茎类蔬菜'，'其他蔬菜'}	=>	{'全脂牛奶'}	0.023 183	0.489 27	1.914 833

根据上述输出结果分析，顾客购买酸奶和其他蔬菜的时候会同时购买全脂牛奶，其置信度最大达到51.29%。其他蔬菜、根茎类蔬菜和全脂牛奶同时购买的概率较高。

从购物者角度进行分析：现代生活中，大多数购物者为家庭主妇，购买的商品大部分是食品，随着生活质量和健康意识的增加，其他蔬菜、根茎类蔬菜和全脂牛奶均为现代家庭每日饮食所需品，因此，其他蔬菜、根茎类蔬菜和全脂牛奶同时购买的概率较高符合现代人们的生活健康意识。

模型结果表明顾客购买商品的时候会同时购买全脂牛奶。因此，商场应该根据实际情况将全脂牛奶放在顾客购买商品的必经之路，或者商场显眼位置，方便顾客拿取。其他蔬菜、根茎类蔬菜、酸奶油、猪肉、黄油、本地蛋类和多种水果同时购买的概率较高，可以考虑捆绑销售，或者适当调整商场布置，将这些商品的距离尽量拉近，从而提升购物体验。

习　题

1. Apriori算法的最关键的两个步骤是什么？
2. Apriori算法基本原理是什么？
3. 假设有桂林游客在旅游过程中可选择伏波山、象鼻山、猫儿山、龙脊梯田、阳朔遇龙河等5个景点游玩，游客的游览记录如表8-6所示，请使用Apriori算法找出所有频繁项集，并生成关联规则。

表8-6　游客旅游景点记录

游客编号	景 点 名 称
001	伏波山、猫儿山、龙脊梯田
002	象鼻山、猫儿山、阳朔遇龙河
003	伏波山、象鼻山、猫儿山、阳朔遇龙河
004	象鼻山、阳朔遇龙河

第9章

Python 应用:垃圾短信识别

本章知识点

（1）掌握一般文本分类处理的流程。

（2）掌握数据欠抽样操作,文本数据去重、用户字典、分词、去停用词等预处理操作,会绘制词云图。

（3）掌握文本的向量表示操作,会用训练文本的分类模型并进行模型预测精度评价。

文本分析的应用面非常广泛,在大数据技术的配合下,文本分析可以帮助我们在阅读学习过程中自动归类,并对文本进行重要特征提取,实现对各类型文本的不同目的把握和处理,甚至是舆论监控,把握舆论热点和倾向与情感判断等等。本章以短信文本为处理对象,以 Python 识别垃圾短信全流程为例,使读者掌握文本处理流程,并掌握类似文本处理场景的 Python 应用。

9.1　案例背景

相信大家对于垃圾短信并不陌生,我们经常会收到诸如"威远宜信普惠信用借款,助你实现致富梦想,无须抵押,上门办理,最快一天到账! 详情请来电咨询:古惠 1397468 ＊＊＊。祝你生活愉快!""您参与的电动车免费试用已开奖,点击查看中奖名单:http://t.cn/R0YXEt1　回 TD 退订""新年好! 前晚出【12】您把握住机会了没? ＋薇:1308958 ＊＊＊给您推荐这期的四个号参考! 拒绝事后诸葛"等短信,此类短信涉及广告推销、违法诈骗等,形成对用户的骚扰,甚至财产、人身安全威胁。

根据 360 公司互联网安全中心的报告,2020 年 360 手机卫士就为全国用户拦截了各类垃圾短信约 177.3 亿条,同比 2019 年(约 95.3 亿条)上升了 86％,平均每日拦截垃圾短信约 4 845.3 万条。垃圾短信的类型分布中广告推销短信最多,占比为 95.6％;诈骗短信占比为 4.3％;违法短信占比为 0.1％。

垃圾短信存在的根本原因在于其背后的利益,从而形成了铲不断的黑色产业链。首先，这个黑色产业链十分完整，有很多不法分子参与其中。垃圾短信主要的黑色利益链存在形式就是伪基站群发短信和不法商家收集个人手机信息牟利。垃圾短信的泛滥越来越严重，干扰了人们的生活，成为危害社会公共安全的一大公害。其次，缺乏法律保护和监管的缺失。虽然，公安部、信息产业部、中国银行保险监督管理委员会联合发出《在全国范围内统一严打手机违法短信息的通知》等，但目前规范短信业务的制度法来说，仍属空白，用户被短信骚扰和欺骗后，申诉的成本比较高，很难追回损失等，即法律的保护还不够严格、全面。虽然，相关的环境监管力度开始逐步完善，但依然还会有不少垃圾短信骚扰、诈骗的情况发生。最后，垃圾短信呈现出新趋势，短信类型日益多变——通过不断迭代变体字以躲避拦截，投放方式不断改变，内容多变等，形成对其分辨、追责的困难。垃圾短信治理是一场"持久战"。

9.2　案例目标

大量的垃圾短信，若依靠人工识别和规避，工作量将十分庞大。基于短信内容和大数据分析方法的垃圾短信自动识别将大大减轻人工对短信识别的工作量，提高识别效率，以最快的方式提醒人们规避垃圾短信带来的危害。

因此，基于文本内容的垃圾短信识别是案例的最终目标。

9.3　案例目标实现设计

垃圾短信识别实现设计思路如图 9-1 所示。

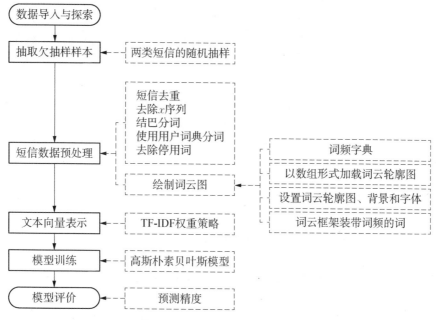

图 9-1　垃圾短信识别实现设计

　　通过数据导入与探索观察到案例数据是以 csv 逗号分隔符文件形式存储来自实际生活中产生的 70 万条短信[①]。由于原数据量庞大,所以分别采取对垃圾短信和正常短信数据的随机抽样形式减少数据样本,降低数据处理复杂度,并尽可能代表原总体数据。抽样后的短信数据通常杂乱无章,短信中包含无意义的 x 序列,有内容重复的冗余短信,有对判别是否为垃圾短信无用的标号等停用词等。因此,需要通过短信去重、去除 x 序列、中文分词、停用词过滤等短信数据预处理操作。同时,通过绘制词云图进行垃圾短信和正常短信的词频可视化观察与探索。预处理后的短信数据以词的形式存在,无法直接使用数学模型进行拟合训练,所以要进行文本的向量表达,本案例拟通过 TF-IDF 权重策略进行处理。最后,用高斯朴素贝叶斯模型进行模型训练并对测试集数据进行分类预测,使用预测精度对预测结果进行评价。

9.4　案例操作过程

9.4.1　建立垃圾短信识别工程文件夹

　　打开 Pycharm,建立垃圾短信识别工程 SMSRecognition,如图 9 - 2 所示。

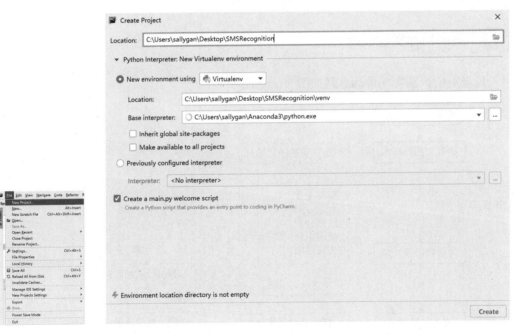

图 9 - 2　建立垃圾短信识别工程

　　新建数据预处理 Python 文件 DataProcessing,如图 9 - 3 所示。

---

　① csv 文件下载地址:https://pan.baidu.com/s/1EJ-EynDSxLubD8KVHZ7EGw,文件提取密码:rkmj。

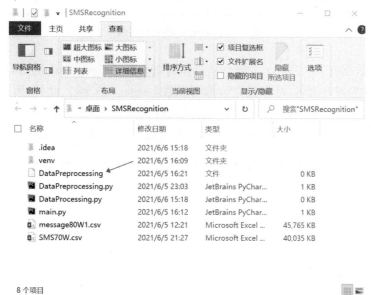

图 9-3　新建 Python 文件

9.4.2　导入数据与数据探索

安装好 Pandas 库后，导入 Pandas 库，并简单命名为 pd，使用库中的 read_csv 函数对工程中短信数据文件 SMS70W. csv 进行读取，代码如下：

```
import pandas as pd
data = pd. read_csv('SMS70W. csv')
```

使用 shape、head 观察数据特征。
data. shape 的运行结果如图 9-4 所示。

```
>>> data.shape
(699999, 3)
```

图 9-4　data. shape 运行结果

data. head 的运行结果如图 9-5 所示。

```
>>> data.head
<bound method NDFrame.head of          1   0                            欢迎来电咨询：xxxxxxxxxxx
0               2   1  【榕港餐饮集团】春季大酬宾活动详情,全场数百款海鲜吃什么海鲜就送什么海鲜吃多少就送多少, 新鲜...
1               3   0
2               4   0                       南京品牌广告设计是如何去抓住用户的眼球的呢
3               5   0                           就像不能向父母要好处费一样
4               6   0                       胃肠健康的人是因为有丰富的酵素~2
...           ...  ..                                                  ...
699994     699996   0   急性胃肠炎等曲池穴治疗肩肘关节疼痛、高血压、荨麻疹、流行性感冒、急性胃肠炎等
699995     699997   0
699996     699998   0                    忘带手机用陌生电话打给爹妈却记错一个数字
699997     699999   0                        寻根故里-无锡小众游很有用
699998     700000   0                            25英寸Lodge洛极

[699999 rows x 3 columns]>
```

图 9-5　data.head 运行结果

结果显示数据有 699 999 行,3 列。从具体数据来看,第一行并不是列名,而是真实的数据,所以数据并没有列名,可以设置读取时参数 header＝None。此外,第一列的行索引并无存在必要,设置读取参数 index_col＝0。用语句 data ＝ pd. read_csv('SMS70W. csv', header＝None, index_col＝0)重新读取数据,再使用 head 查看数据结果如图 9-6 所示。

```
>>> data = pd.read_csv('SMS70W.csv',header=None, index_col=0)
>>> data.head
<bound method NDFrame.head of                1                                                    2
0
1        0                              欢迎来电咨询：xxxxxxxxxxx
2        1  【榕港餐饮集团】春季大酬宾活动详情,全场数百款海鲜吃什么海鲜就送什么海鲜吃多少就送多少, 新鲜...
3        0
4        0                        南京品牌广告设计是如何去抓住用户的眼球的呢
5        0                            就像不能向父母要好处费一样
...     ..                                                  ...
699996   0    急性胃肠炎等曲池穴治疗肩肘关节疼痛、高血压、荨麻疹、流行性感冒、急性胃肠炎等
699997   0
699998   0                     忘带手机用陌生电话打给爹妈却记错一个数字
699999   0                         寻根故里-无锡小众游很有用
700000   0                             25英寸Lodge洛极

[700000 rows x 2 columns]>
```

图 9-6　数据结果

此时,data 数据显著有 70 万行,即 70 万条短信数据,第一列为短信索引号,第二列为垃圾短信标签;1 为垃圾短信,0 为正常短信。短信数据导入完成。

9.4.3　抽取欠抽样样本

由于 70 万条短信数据量较大,在处理时可能会造成不便,我们将随机抽取数据样本 2 万条。为方便操作,对短信标签列取名为 label,短信具体内容列取名为 SMS,并通过 value_counts 函数查看垃圾短信分布情况,代码如下:

```
data. columns＝ ['label','SMS']
data['label']. value_counts()
```

```
>>> data.columns= ['label','SMS']
>>> data['label'].value_counts()
0    629929
1     70071
Name: label, dtype: int64
```

图 9-7 垃圾短信数据结果

如图 9-7 结果显示，垃圾短信为 70 071 条，占总体比约 10%。为了充分提取两类短信的特征，我们采取垃圾短信和正常短信为 1 : 1 的欠抽样①，即从垃圾短信和正常短信中分别抽取 1 万条形成含 2 万条短信的欠抽样样本，以实现样本中各类样本的数量均衡控制。

通过 sample 函数从正常短信中抽出 1 万条短信，从垃圾短信中抽出 1 万条短信的操作命令完全类似：

a = data[data['label'] == 1]. sample(10000)

运行结果如图 9-8 所示。

```
>>> a = data[data['label'] == 1].sample(10000)
>>> a
        label                                                    SMS
0
181807      1  石岐区.时代云图.二期火热认筹xxxx额外获VIP:xx折! xx-xxxm N+x稀有单位等...
452499      1  麻辣空间清油火锅食府喜迎元宵节,凡在本店就餐的顾客均获赠一份情意浓浓的汤圆.
56498       1  北国中华北店惠氏奶粉金装x折, 启赋.x.x折, 时间x月x日---x月x日, 详询xxxxxxxxxx
251515      1  春暖花开, 万象更新. 尊敬的老朋友: 早春茶萌芽上市啦! 乌牛早扁茶、毛尖、早春红茶、欢迎过...
275818      1  请/付一/个月会/费二/千, 款/到即提/供下/只黑/马, 客服部: xxxxxxxxxx—深...
  ...       ...                                                    ...
670703      1  xx年后未邦新建工程的设备还请提供下端口数据字段【联通双xG 手机x元购 十亿话费限时送 全...
323106      1  求购远洋x号楼王两居室, 南向或者南北通透的均可, 可以全款一次性! 有意出售者 请联系xxxxx...
384172      1  家长您好, 原乐蜀教育现更名为博思教育, 希望每一个孩子都能博学广思, 博思教育x月x号开班, x、...
212731      1  xxx抵xxx元, 多买多抵, 预定戏票可参加白分之百现金抽奖, 还可抽金条大奖, 预定戏票还享受高...
424293      1  喜迎美丽女人节, 琨洋熙然女装全场冬装六折, 新到春装新会员八五折, 老会员八折, 活动日期: x月x...

[10000 rows x 2 columns]
```

图 9-8 运行结果

b = data[data['label'] == 0]. sample(10000)

a、b 分别为正常短信和垃圾短信抽样样本，通过 pandas 库中的 concat 函数将其纵向拼接：

data_sample = pd. concat([a, b], axis=0)

data_sample

欠抽样样本显示如图 9-9 所示。

后期将在此前抽样样本中随机抽取 80% 的数据作为分类模型的训练样本，其余作为测试集样本。

_____

① 通过减少多数类样本来提高少数类的分类性能。

```
>>> data_sample = pd.concat([a, b], axis=0)        #将a、b纵向拼接
>>> data_sample
        label                                                    SMS
0
181807      1   石岐区.时代云图.二期火热认筹xxxx额外获VIP:xx折! xx-xxxm N+x稀有单位等...
452499      1   麻辣空间清油火锅食府喜迎元宵节, 凡在本店就餐的顾客均获赠一份情意浓浓的汤圆。
56498       1   北国中华北店惠氏奶粉金装x折, 启赋x.x折, 时间x月x日---x月x日, 详询xxxxxxxxxxx
251515      1   春暖花开, 万象更新. 尊敬的老朋友: 早春茶萌芽上市啦! 乌牛早扁茶、毛尖、早春红茶、欢迎过...
275818      1   请/付一/个月会/费二/千, 款/到即提/供下/只黑/马, 客服部: xxxxxxxxxxx——深...
...         ...                                                    ...
93396       0                            双色拼接T恤在胸前印花的处理上运用欧美华丽标签格式
234011      0                 R绞牙避震、19英寸TSW轮圈、Z级Nitto轮胎以及Brembo刹车
103359      0                            二级拳师、MFT、BODYCOMBAT、体操谱、健美操

[20000 rows x 2 columns]
```

图 9-9　欠抽样样本图

9.4.4　短信数据预处理

通过对短信数据的观察,发现未经处理的短信数据杂乱无章,短信中包含有无意义的 x 序列(通常数据脱敏会将银行卡号、电话号码、价格、日期等敏感信息替换为 x 序列,通过之前对数据的处理知我们现有的短信数据已经进行了脱敏),有内容重复的冗余短信,有对判别是否为垃圾短信无用的标号等停用词,等等。因此,需要进行短信数据清洗、去除 x 序列、文本去重、中文分词、停用词过滤等短信数据预处理操作。同时,在本部分为进行垃圾短信和正常短信的词频可视化观察,还将绘制词云图。

1. 短信去重

使用 drop_duplicates 函数对欠抽样样本中重复短信去重,去重后 data_sample 中 2 万条短信变成 19 951 条。

data_dup = data_sample ['SMS']. drop_duplicates()

查看欠抽样样本结果如图 9-10 所示。

```
>>> data_dup
0
181807      石岐区.时代云图.二期火热认筹xxxx额外获VIP:xx折! xx-xxxm N+x稀有单位等...
452499      麻辣空间清油火锅食府喜迎元宵节, 凡在本店就餐的顾客均获赠一份情意浓浓的汤圆。
56498       北国中华北店惠氏奶粉金装x折, 启赋x.x折, 时间x月x日---x月x日, 详询xxxxxxxxxxx
251515      春暖花开, 万象更新. 尊敬的老朋友: 早春茶萌芽上市啦!  乌牛早扁茶、毛尖、早春红茶、欢迎过...
275818      请/付一/个月会/费二/千, 款/到即提/供下/只黑/马, 客服部: xxxxxxxxxxx——深...
                                      ...
93396                       双色拼接T恤在胸前印花的处理上运用欧美华丽标签格式
234011             R绞牙避震、19英寸TSW轮圈、Z级Nitto轮胎以及Brembo刹车
103359                      二级拳师、MFT、BODYCOMBAT、体操谱、健美操

Name: SMS, Length: 19951, dtype: object
```

图 9-10　去重后的欠抽样样本结果

2. 去除 x 序列

通过观察数据发现 x 序列不少,去掉 x 序列的方法之一是使用 re 库中函数 re. sub

('x'，''，x)把 x 都由空替换。

```
import re
data_dropX = data_dup. apply(lambda y：re. sub('x'，''，y))
```

以上命令意为对 data_dup 中每个序列中的"x"替换为空，其中 y 为形式参数。处理后 data_dropX 数据返回值已经没有 x。

去除 x 序列后的数据如图 9-11 所示。

图 9-11　查看去除 x 序列后部分数据内容

3. 简单结巴分词

分词是将连续的字符序列按照一定的规范重新组合成词序列的过程。分词是文本挖掘的基础，对于输入的一段中文，成功地进行分词，可以达到计算机自动识别语句含义的效果。下面使用 jieba 库的 lcut 函数对每条短信进行分词操作，并返回为列表。

基本的结巴分词操作：

```
import jieba
data_cut = data_dropX. apply(lambda y：jieba. lcut(y))
```

查看文本分词后部分数据内容如图 9-12 所示。

图 9-12　查看文本分词后部分数据内容

4. 使用用户词典分词

以上是使用 jieba 中默认的词典对短信进行分词操作,但有一些特殊的词语我们在这个案例中不希望将其拆分,如"心理咨询师"不希望被拆分成"心理咨询"和"师"。此时,我们需要建立用户字典 UserDic. txt,在工程文件夹中新建相应 txt 文档,并将所有用户词语[①]存入其中,一行存储一个用户词语。用 jieba 库的 load_userdict 函数加载用户词典文件,并重新进行分词操作。图 9 - 13 是用户字典 txt 的原始文档。

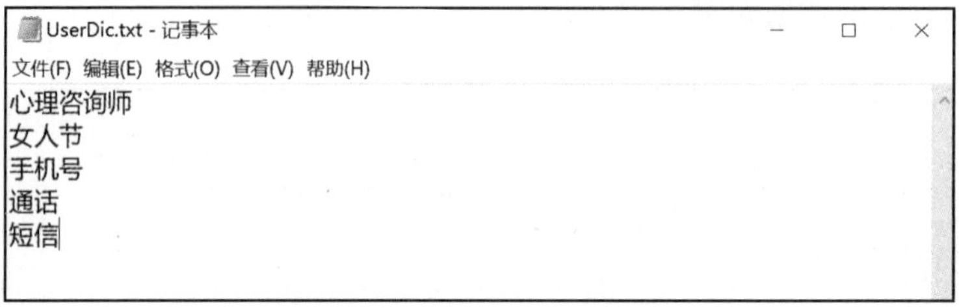

图 9 - 13 用户字典 txt 原始文档

使用了用户字典的结巴分词操作:

```
jieba. load_userdict('UserDic. txt')
data_cut = data_dropX. apply(lambda y: jieba. lcut(y))
```

5. 去除停用词

对 data_cut 中数据观察后,发现如"Z""q""."级"等这些对于短信分类是无用的、累赘的,甚至可能对短信分类产生负面作用。此时,我们需要进行去除停用词的操作。做法是在工程文件夹中建立常规停用词典 stopword. txt,并将所有常规停用词(包括标点符号)存入其中,一行存储一个停用词。图 9 - 14 停用词 txt 原始文档。

这里需要注意的是,加载了停用词后,程序一般认为一行为一个停用词。csv 文件是用逗号作为分隔符的,而停用词典中由逗号作为停用词,若不做处理,则停用词典中逗号会被程序作为分隔符而不是停用词忽略掉。处理这一问题的办法是设置一个文本中不存在特殊分隔符,如"heiheihei"。另外,读取停用词典时可能会出现 UnicodeDecodeError 编码格式报错。此时,可从 GBK、UTF - 8、UTF - 16、GB18030 等常用编码中试出合适的编码格式。本案例使用 GB18030 编码。

将常规停用词文档导入的操作:

```
StopWords = pd. read_csv('stopword. txt', encoding='GB18030', sep=
'heiheihei', header=None)
```

当我们想加一些停用词到 StopWords 中,可进行的操作是用 iloc 函数将原 StopWords

---

① 包括"心理咨询师""女人节""手机号""通话""短信"。

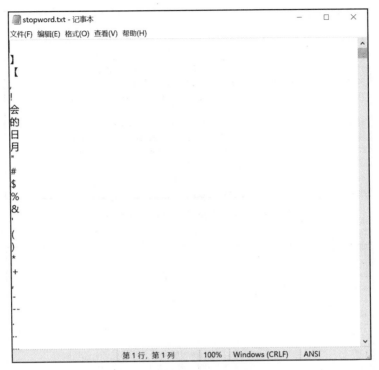

图 9 - 14　停用词 txt 原始文档

停用词列切片，并用 list 函数将其转成列表，再用加号将新加停用词与其拼接形成新停用词表。

新增停用词"≮""≯""≠"等的操作：

StopWords = ['≮','≯','≠','≮',''','－－－','m','q','N','R','Z'] + list (StopWords. iloc[：, 0])

使用建立的停用词典 StopWords 去除 data_cut 中的停用词：

data_after_stop = data_cut. apply(lambda y：[i for i in y if i not in StopWords])

以上语句意为，对 data_cut 中每一条经上述分词后的短信数据进行停用词去除操作，只要词语不在 StopWords 中，则返回原词语。反之，则不返回原词语。这样就实现了停用词的去除。查看去除停用词后部分数据内容见图 9 - 15。

当前得到的数据是一条条的分词列表，为了后续操作方便顺利地进行，我们把这些列表转成字符串，并把各分词用空格连接起来。具体操作如下：

ch_data = data_after_stop. apply(lambda x：''. join(x))

查看分词用空格连接后部分数据内容见图 9 - 16。

```
>>> data_after_stop
0
181807     [石岐区，时代，云图，二期，火热，认筹，额外，获，VIP，折，稀有，单...
452499     [麻辣，空间，清油，火锅，食府，喜迎，元宵节，本店，就餐，顾客，获赠，...
56498           [北国，中，华北，店惠氏，奶粉，金装折，启赋，折，时间，详询]
251515     [春暖花开，万象更新，尊敬，老朋友，早春，茶，萌芽，上市，乌牛，早，扁,...
275818          [请，付一，费二，款，提，供下，黑，马，客服部，深，圳，华，信]
                                 ...
93396           [双色，拼接，T恤，胸前，印花，欧美，华丽，标签，格式]
234011     [绞牙，避震，19，英寸，TSW，轮圈，级，Nitto，轮胎，Brembo...
103359          [二级，拳师，MFT，BODYCOMBAT，体操，谱，健美操]

Name: SMS, Length: 19951, dtype: object
```

图9-15 查看去除停用词后部分数据内容

```
>>> ch_data
0
181807     石岐区 时代 云图 二期 火热 认筹 额外 获 VIP 折 稀有 单位 来电 置业 经理 李艺龙
452499     麻辣 空间 清油 火锅 食府 喜迎 元宵节 本店 就餐 顾客 获赠 一份 情意 浓浓的
56498                      北国 中 华北 店惠氏 奶粉 金装折 启赋 折 时间 详询
251515     春暖花开 万象更新 尊敬 老朋友 早春 茶 萌芽 上市 乌牛 早 扁 茶 毛尖 早春 红茶 ...
275818                       请 付 一 费二 款 提 供下 黑马 客服部 深 圳 华 信
                                 ...
93396                        双色 拼接 T恤 胸前 印花 欧美 华丽 标签 格式
234011             绞牙 避震 19 英寸 TSW 轮圈 级 Nitto 轮胎 Brembo 刹车
103359                   二级 拳师 MFT BODYCOMBAT 体操 谱 健美操

Name: SMS, Length: 19951, dtype: object
```

图9-16 查看分词用空格连接后部分数据内容

6. 绘制词云图

词云图是文本结果展示的有力工具,通过词云图的展示可以对短信文本数据分词后的高频词予以视觉上的强调突出效果,使得阅读者一眼就可获取到主旨信息。我们将分别绘制正常短信和垃圾短信的词云图。

首先,提取短信的标签存入labels以区别正常短信和垃圾短信:

```
labels = data_sample. loc[data_after_stop. index, 'label']
```

建立 WordFrequency 为字典型对象,用于记录词频:

```
WordFrequency= {}
```

先画正常短信的词云图,使用双重 for 循环词句统计标签值为 0 的正常短信词频数:

```
for i in data_after_stop[labels == 0]:
    for j in i:
        if j not in WordFrequency. keys():
```

```
        WordFrequency[j] = 1
    else:
        WordFrequency[j] += 1
```

以上词句意为，遍历 data_after_stop，只要 labels 为 0，即标注为正常短信的数据，就对其进行词频统计处理，通过 if 判断垃圾短信中的词语是否已经在 WordFrequency 字典的键中，如果不在，说明出现了新词，这时把这个新词键的值赋为 1，否则，是一个已经出现过的词，则把这个词对应的值加 1。图 9－17 是垃圾短信的词频统计字典 WordFrequency 在 pycharm 中显示的一部分：

```
>>> WordFrequency
{'亚龙湾': 1, '位于': 30, '三亚市': 2, '东约': 1, '20': 58, '公里': 25, '处': 34, '道': 31, '真相': 113, '时':
114, '生气': 1, '敬业': 3, '工作': 116, '时间': 82, '做六休': 1, '一及': 1, '法定': 1, '节假日': 1, '中国政府': 8,
 '发现': 104, '日本': 51, '有图': 4, '缅之意': 1, '百度': 151, '百年': 3, '一人': 7, '技术': 57, '分析': 19, '还
会': 6, '包括': 27, '政府': 86, '机构': 19, '间谍': 2, '组织': 33, '犯罪团伙': 3, '入侵': 2, '尴尬': 4, '坐在':
13, '海边': 1, '玩': 49, '手机': 433, '累': 5, '烦': 2, '遗失': 2, '信息': 50, '交通': 16, '1035': 1, '节目':
27, '中': 192, '播出': 6, '报道': 13, '大众': 9, '高尔夫': 12, '现居': 1, '江苏': 114, '喜欢': 68, '多奴': 1, '
告诉': 37, '好消息': 2, '大丰': 4, '水立方': 1, '水上': 5, '乐园': 7, '26': 10, '号': 100, '门票': 12, '预约':
```

图 9－17　正常短信词频字典

接下来，导入 wordcloud 库的 WordCloud 模块和 matplotlib. pyplot 库，进行正常短信词云图绘制。

```
from wordcloud import WordCloud
import matplotlib. pyplot as plt
```

导出准备好的在工程文件夹中的词云轮廓图 cloud. png：

```
cloud = plt. imread('cloud. png')
```

接下来，我们试图用 WordCloud 函数设置词云轮廓图、背景色和显示字体。然而，直接使用 WordCloud 通常会出现错误提示："UserWarning: mask image should be unsigned byte between 0 and 255"。意思是：掩码图像应为 0 到 255 之间的无符号字节，所以要将图片转为数组。虽然继续往下执行程序，词云图片可以展现，但是没有导入图形的轮廓。在做计算机视觉项目的时候，常常会遇到对像素值进行变换计算后，像素值超出值域区间[0, 255]的情况，再加上计算过程中各自 float 型，int 型，uint 型的问题都跳出来作乱，在初期做图像相关项目时，深为此苦恼。这里处理的办法是，将图片转换为 numpy 数组，以数组的形式加载图片，再使用 WordCloud 函数设置词云轮廓图、背景色和显示字体：

```
import numpy as np
from PIL import Image
cloud = np. array(Image. open("cloud. png"))
wc = WordCloud(mask= cloud, background_color='white', font_path=r'C:\
Windows\Fonts\simhei. ttf')
```

注意字体设置,否则可能不能显示汉字,这里使用了计算机中现有的字体(黑体),亦可以使用其他字体。字体路径前加 r 是为了能让系统识别为路径,或不加 r,把路径中斜线改为反斜线,或双斜线。

用设置好的词云框架装下带词频的词:

```
wc. fit_words(word_fre)
```

展示词云图:

```
plt. imshow(wc)
```

运行结果如图 9 - 18。

图 9 - 18　正常短信词云图

类似的方法可得到垃圾短信词云图。在建立词频字典时,将标签取值改为 1,其他与画正常短信词云图完全类似。我们用了不同的词云轮廓图 cloud0. png,代码如下:

```
WordFrequency1 = {}
for i in data_after_stop[labels == 1]:
    for j in i:
        if j not in WordFrequency1. keys():
            WordFrequency1[j] = 1
        else:
            WordFrequency1[j] += 1
from wordcloud import WordCloud
import matplotlib. pyplot as plt
import numpy as np
from PIL import Image
```

```
cloud1 = np. array(Image. open("cloud0. png"))
wc1 = WordCloud(mask=cloud1, background_color='white', font_path=r'C:
\Windows\Fonts\simhei. ttf')
wc1. fit_words(WordFrequency1)
plt. imshow(wc1)
```

运行结果如图 9-19 所示。

图 9-19　垃圾短信词云图

9.4.5　文本向量表示

目前，每条短信以多个词汇的形式存在，计算机还不能对其进行直接处理。若要将短信放入某分类模型并将其进行分类操作，则应先将文本进行数值型向量表示。向量表示形式包括 One-Hot 独热表达、TF 词频表达、TF-IDF 权重策略表达等。这里我们需要用到机器学习库 sklearn 中的特征提取模块 feature_extraction 中的针对文本特征提取子模块 text，使用其中的转化词频向量函数 CountVectorizer 和转化 TF-IDF 权重向量函数 TfidfTransformer，代码如下：

```
from sklearn. feature_extraction. text import CountVectorizer，TfidfTransformer
```

同时，将数据切分函数 train_test_split 导入，用以切分欠抽样数据为（模型）训练集和测试集，代码如下：

```
from sklearn. model_selection import train_test_split
```

将处理过的欠抽样数据 ch_data 和相应的标签数据 labels 通过 train_test_split 函数的参数设置 test_size=0.2 切分为数据占比分别为 80% 和 20% 的训练集和测试集，代码如下：

```
data_tr, data_te, labels_tr, labels_te = train_test_split(ch_data, labels, test_
size=0.2)
```

数据切分后,得到处理过的欠抽样数据 ch_data 的命名为 data_tr 和 data_te 的训练集和测试集,以及标签数据 labels 的命名为 labels_tr 和 labels_te 的训练集和测试集,一共是四个部分。data_tr 和 labels_tr 都是 15 960 行,即 15 960 条数据,占原数据 ch_data19951 行的 80%。data_te 和 labels_te 有 3 991 行。图 9-20 显示了查看欠抽样样本的训练集部分数据内容的结果。

```
>>> data_tr
0
234373    感谢您 致电 上海 外滩 帕奇 艺术 酒店 酒店 毗邻 外滩 欧美 艺术风格 浓厚 www ...
670350           北京 法院 歌手 起诉 董福 领奖 合同 违约 扰乱 抽奖 活动
145753    美丽 女人节 克丽缇娜 宝期店 回馈 新老 会员 居家 护理产品 折 特色 项目 三维 灸 ...
534976    元 每平 预约 认筹中 交 三万 抵 五万 本月 号 盛大 开盘 项目 地址 繁华 大道 繁...
51741     按揭 房 按揭 车 贷款 做 供 倍 万封 综合 利息 分 信用 记录 办理 来电 咨询 天...
                                  ...
342106    您好 淘宝 新 F 生活馆 专营 美国 芳 新 洗护 产品 迎接 漂亮 女人 节日 到来 现...
663919                                    打嗝 一股 中药味
319842    姐 您好 三八节 来临 之际 专柜 答谢 新老 顾客 特 推出 活动 新品 春装 折 优惠 ...
157129                          南京路 中联 广场 青岛 火车站 俩 小时
387553    茧缘 旗舰店 缘缘 一生 爱 一夜 暖 轻轻 一盖 温暖 今生 相伴 寄 一封 快乐 件 发...
Name: SMS, Length: 15960, dtype: object
```

图 9-20 查看欠抽样样本的训练集部分数据内容

现在,先将 data_tr 进行 TF-IDF 权值转换。首先,用 CountVectorizer 提取每种词汇在该训练文本中出现的频率,将文本中的词语转换为词频矩阵,通过 fit_transform 函数计算各个词语出现的次数:

```
countVectorizer = CountVectorizer()
data_tr = countVectorizer.fit_transform(data_tr)
```

得到 15 960 行 40 503 列的词频稀疏矩阵,如图 9-21 所示。

```
>>> data_tr
<15960x40672 sparse matrix of type '<class 'numpy.int64'>'
    with 169375 stored elements in Compressed Sparse Row format>
```

图 9-21 查看训练集的词频稀疏矩阵情况

进一步,用 TfidfTransformer 将 data_tr 转换成 TF-IDF 权值矩阵。转换过程中使用了 toarray 函数将 data_tr 转换成数组以获取其数据,这样 fit_transform 函数才能正确识别并运行。代码如下:

```
TI_tr = TfidfTransformer().fit_transform(data_tr.toarray())
```

TI_tr 目前是一个 TF-IDF 权值稀疏矩阵对象，用 toarray 函数将其转换成数组获取其数据，以备后续放入分类模型，代码如下：

```
TI_tr = TI_tr. toarray()
```

```
>>> TI_tr
array([[0., 0., 0., ..., 0., 0., 0.],
       [0., 0., 0., ..., 0., 0., 0.],
       [0., 0., 0., ..., 0., 0., 0.],
       ...,
       [0., 0., 0., ..., 0., 0., 0.],
       [0., 0., 0., ..., 0., 0., 0.],
       [0., 0., 0., ..., 0., 0., 0.]])
```

图 9-22　查看训练集经 TF-IDF 权值转换成数组后的数据情况

如此，我们得到了训练样本的 TF-IDF 权值向量，如图 9-22 所示。接下来，将获取测试样本的 TF-IDF 权值向量。若类似训练集的操作，使用 countVectorizer. fit_transform(data_te)命令，会得到与训练集词频矩阵 data_tr 不同列数的测试集词频矩阵（3 991 行 15 961 列），如图 9-23 所示。

```
>>> countVectorizer.fit_transform(data_te)
<3991x15961 sparse matrix of type '<class 'numpy.int64'>'
    with 42621 stored elements in Compressed Sparse Row format>
```

图 9-23　测试集、训练集列数共享前的测试集词频矩阵

其原因在于训练集和测试集所含的词数量不同，这将使得后续无法把训练集和测试集的 TF-IDF 权值数据放入同一个模型中。解决这一问题的办法是通过在 CountVectorizer 中设置参数 vocabulary＝countVectorizer. vocabulary_将测试集的列数与训练集的列数进行共享。以下语句应在执行获取训练集 TF-IDF 权值向量系列语句之后马上运行，代码如下：

```
data_te1 = CountVectorizer(vocabulary＝countVectorizer. vocabulary_). fit_transform(data_te)
```

```
>>> data_te1
<3991x40672 sparse matrix of type '<class 'numpy.int64'>'
    with 35569 stored elements in Compressed Sparse Row format>
```

图 9-24　测试集、训练集列数共享后的测试集词频矩阵

此时,图 9-24 所示测试集词频矩阵共享了训练集词频矩阵的列数。

9.4.6 模型训练与评价

短信文本经过 TF-IDF 权值向量转换后,可以使用很多分类模型进行训练与分类预测。在这里我们使用高斯朴素贝叶斯模型,代码如下:

```
from sklearn. naive_bayes import GaussianNB
model = GaussianNB()
```

使用训练集进行模型训练,代码如下:

```
model. fit(TI_tr, labels_tr)
```

使用训练好的模型对测试集中经过 TF-IDF 权值转换的短信数据进行预测后的精度检测,代码如下:

```
model. score(TI_te, labels_te)
```

在这里,使用训练集训练的模型对测试集进行预测的精度达到了 89.65%。

改变这个预测精度,可以通过对模型进行优化(可以考虑使用集成机器学习的思路),比如随机森林,或使用其他分类模型进行模型训练。考虑增加训练样本的数量,以使模型从更多的短信中提取信息。一般而言样本越多,训练的模型会更充分,或者说更具有全面性。

在对垃圾短信进行分类处理的案例中,我们对文本数据的预处理所花的时间和工作量占到了总工作量的绝大部分。

习　题

1. 思考可以使用哪些方法改变本案例中模型的预测精度?
2. 将欠抽样样本数提高一倍,进行本案例实操。
3. 使用决策树进行本案例实操。
4. 除了使用 TF-IDF 权值向量对文本数据进行表达,还存在哪些其他的文本特征提取或表达的方法?
5. 还有哪些方法可以进行模型评价?
6. 本章案例的操作过程还可以应用于哪些场景?

References

参 考 文 献

［1］常国珍,曾珂,朱江. 用商业案例学 R 语言数据挖掘[M]. 北京:电子工业出版社,2017.

［2］LAROSE D T, LAROSE C D. 数据挖掘与预测分析(第二版)[M]. 王念滨,宋敏,裴大茗,译. 清华大学出版社,2017.

［3］赵卫东,董亮. 数据挖掘实用案例分析[M]. 北京:清华大学出版社,2018.

［4］TAN PANG-NING, STEINBACH M, KUMAR V. 数据挖掘导论(完整版)[M]. 范明,范宏建, 译. 人民邮电出版社,2011.

［5］张良均,陈俊德,刘名. 数据挖掘:实用案例分析[M]. 北京:机械工业出版社,2013.

［6］程显毅. 数据分析师养成宝典[M]. 北京:机械工业出版社,2018.

［7］洪亮,李雪思,周莉娜. 领域跨越:数据挖掘的应用和发展趋势[J]. 图书情报知识,2017(4):11.

［8］朱淑珍,吉余峰. 金融风险管理(第三版)[M]. 背景大学出版社,2017.

［9］李晓理,卜坤,翟玉鹏,等. 基于人工智能技术的重大活动食品安全与风险评估综述[J]. 北京工 业大学学报,2021,47(05):530-539.

［10］刘明会,韩朝. 基于关联规则 Apriori 算法进行购物篮分析[J]. 中国商论,2014.

［11］余文礼. 基于 Apriori 算法和关联度指标的购物篮分析[J]. 科技视界,2014(4):2.

［12］刘花. 基于 Apriori 算法的关联分析[J]. 信息与电脑,2019,31(19):3.

［13］陈丽芳. 基于 Apriori 算法的购物篮分析[J]. 重庆工商大学学报:自然科学版,2014,31(5):6.

［14］郝丽萍,李岩青,杨爱,等. 关联规则算法在布鲁氏菌病危险因素分析中的应用[J]. 中国卫生信 息管理杂志,2018,15(5):5.

［15］王德兴,胡学钢,刘晓平,等. 改进购物篮分析的关联规则挖掘算法[J]. 重庆大学学报(自然科学 版),2006,29(4):105-107141.

［16］JORION P. 风险价值 VaR:金融风险管理新标准[M]. 万峰,译. 中信出版社,2000.

［17］米歇尔·克劳伊,丹·加莱,罗伯特·马克. 风险管理精要(第二版)[M]. 中国金融出版 社,2016.

［18］克劳伊. 风险管理精要[M]. 风险管理精要,2010.

［19］吴军. 大数据和机器智能对未来社会的影响[J]. 电信科学,2015,31(2):10.

［20］斯介生,宋大我,李扬. 大数据背景下的谷歌翻译——现状与挑战[J]. 统计研究,2016,33(5):4.

［21］中国信息通信研究院. 大数据白皮书[R]. 2020.

［22］嵩天,黄天羽,礼欣. 程序设计基础:Python 语言[M]. 程序设计基础:Python 语言,2014.

［23］赵红艳,许桂秋. Spark 大数据技术与应用[M]. 北京:人民邮电出版社,2019.

［24］张良均. R 语言数据分析与挖掘实战(大数据技术丛书)[M]. 北京:机械工业出版社,2018.

［25］嵩天,黄天羽,礼欣. Python 语言:程序设计课程教学改革的理想选择[J]. 中国大学教学,2016 (2):6.

［26］常国珍，赵仁乾，张秋剑. Python 数据科学：技术详解与商业实践［M］. 机械工业出版社，2018.

［27］张良均. Python 数据分析与挖掘实战［M］. 机械工业出版社，2016.

［28］宋天龙. Python 数据分析与数据化运营［M］. 人民邮电出版社，2020.

［29］朱文强，钟元生，高成珍，等. Python 数据分析实战［M］. 北京：清华大学出版社，2021.

［30］王斌会，王术. Python 数据分析基础教程：数据可视化［M］. 电子工业出版社，2021.

［31］黄恒秋，张良均，谭立云，等. Python 金融数据分析与挖掘实战［M］. 人民邮电出版社，2020.

［32］李静. Python 程序设计基础：面向金融数据分析［M］. 清华大学出版社，2021.

［33］张良均，谭立云，刘名军，等. Python 数据分析与挖掘实战（第二版）［M］. 机械工业出版社，
2021.

［34］张良均，杨坦，肖刚. MATLAB 数据分析与挖掘实战［M］. 机械工业出版社，2015.